AIDE-MÉMOIRE

DE PHYSIQUE

A l'usage des élèves de la Classe de Mathématiques spéciales
et des candidats aux grandes Écoles

Par Julien LEFÈVRE

DOCTEUR ÈS SCIENCES PHYSIQUES
PROFESSEUR AU LYCÉE ET A L'ÉCOLE DES SCIENCES DE NANTES

Avec 23 figures dans le texte.

PARIS

IMPRIMERIE ET LIBRAIRIE CLASSIQUES
MAISON JULES DELALAIN ET FILS
DELALAIN FRÈRES, Successeurs
56, RUE DES ÉCOLES.

AIDE-MÉMOIRE

DE PHYSIQUE

AIDE-MÉMOIRE

DE PHYSIQUE

A l'usage des élèves de la Classe de Mathématiques spéciales
et des candidats aux grandes Écoles

Par Julien LEFÈVRE

DOCTEUR ÈS SCIENCES PHYSIQUES

PROFESSEUR AU LYCÉE ET A L'ÉCOLE DES SCIENCES DE NANTES

Avec 23 figures dans le texte.

PARIS

IMPRIMERIE ET LIBRAIRIE CLASSIQUES

MAISON JULES DELALAIN ET FILS

DELALAIN FRÈRES, Successeurs

56, RUE DES ÉCOLES.

AVERTISSEMENT

Cet *Aide-Mémoire* n'a pas la prétention de remplacer un cours complet de physique pour la classe de Mathématiques spéciales ; il est destiné simplement à permettre aux élèves, à la veille d'un examen, de revoir rapidement les parties principales du cours et de constater quelles sont celles qui ont été préparées incomplètement. C'est donc une sorte de table des matières, dans laquelle nous avons réuni les énoncés des lois, des théorèmes et des principes, avec un résumé aussi rapide que possible des démonstrations ou des expériences qui s'y rapportent.

Pour simplifier la lecture autant qu'il est possible, nous avons représenté chaque quantité par la même lettre, au moins dans le courant d'un même chapitre, et parfois même dans l'ouvrage entier.

Enfin nous avons ajouté à la fin de l'ouvrage un petit résumé d'Électricité et de Magnétisme, spécialement destiné aux candidats à l'École centrale.

J. L.

TABLE DES MATIÈRES

CHAPITRE II.

CHAPITRE III.

CHAPITRE IV.

CHAPITRE V.

CHAPITRE VI.

CHAPITRE VII.

CHAPITRE VIII.

CHAPITRE IX.

CHALEUR.

CHAPITRE I.

CHAPITRE II.

CHAPITRE III.

ÉLECTRICITÉ ET MAGNÉTISME.

OPTIQUE

CHAPITRE I.

GÉNÉRALITÉS. PHOTOMÉTRIE.

Généralités.

1. Définitions. — *Lumière :* agent qui impressionne ordinairement le nerf optique. — *Sources de lumière :* corps visibles par eux-mêmes (portés à une température suffisante); corps éclairés par une source. — Corps *opaques, transparents, translucides.* — *Point lumineux :* partie d'une source assez petite pour qu'on puisse négliger ses dimensions.

2. Propagation rectiligne. — Il faut que le milieu soit homogène. — *Faisceau lumineux :* lieu des points géométriques éclairés par une source. — *Rayon lumineux :* toute droite suivant laquelle se propage de la lumière.

3. Ombre produite par un point lumineux. — Elle est limitée par le cône ayant pour sommet le point lumineux et circonscrit au corps opaque. La courbe de contact divise le corps en deux parties, l'une éclairée, l'autre dans l'ombre. Tout l'espace situé dans le cône d'ombre derrière le corps est dans une obscurité complète. Tout écran placé derrière le corps reçoit une tache d'ombre dont le contour est déterminé par la section du cône.

4. Ombre produite par deux points lumineux. — Chaque point donne un cône. La partie commune aux deux cônes est dans l'obscurité complète; les points situés seulement dans l'un des cônes reçoivent la lumière d'une seule des deux sources : c'est la *pénombre*. Il y a une pénombre sur le corps opaque, entre les deux courbes de contact, dans l'espace et sur l'écran placé derrière le corps. La pénombre est uniformément éclairée.

5. Ombre produite par une source de dimensions finies. — Comme dans le cas précédent; mais la pénombre, au lieu d'être uniformément éclairée, varie d'intensité depuis l'ombre complète jusqu'à la pleine lumière; elle est en quelque sorte dégradée.

Éclipses.

6. Images données par les petites ouvertures. — Un objet AB étant placé devant une chambre noire percée d'une très petite ouverture O, il se produit sur le fond de la chambre une image A'B' renversée de AB. En effet, A'B' et AB peuvent être considérées comme deux sections parallèles d'un même cône ayant pour sommet O, et situées de part et d'autre de ce sommet : A'B' reproduit donc la forme de AB, mais renversée. De plus, chaque point de l'objet, tel que A, n'envoie dans la chambre qu'un petit faisceau, réduit sensiblement à une droite AOA'; le point correspondant A' ne reçoit donc de lumière que de A et présente la même couleur que A.

L'image est nette, quelles que soient la distance de l'objet et la profondeur de la chambre; la forme de l'ouverture n'a pas d'effet, pourvu qu'elle soit petite.

Photométrie.

7. Définitions. — *Éclairement* : quantité de lumière envoyée par une même source sur l'unité de surface dans diverses conditions de distance et d'obliquité. — *Intensité* ou *éclat :* quantité de lumière envoyée normalement par une source sur l'unité de surface à l'unité de distance.

1.

L'éclairement d'une surface varie en raison inverse du carré de sa distance à la source (loi de Képler) et proportionnellement au cosinus de l'angle que forme sa normale avec la direction des rayons incidents.

Photométrie : comparaison des intensités des diverses sources de lumière.

8. Unité d'intensité. — On a employé la bougie : bougie de l'Étoile en France, bougies de paraffine en Allemagne et de blanc de baleine (*candle*) en Angleterre; Dumas et Regnault ont adopté ensuite l'intensité d'une lampe Carcel de 23,5 millim. de diamètre, brûlant 42 gr. d'huile de colza épurée par heure. Ces unités sont insuffisamment constantes. On se sert aujourd'hui de celle de M. Violle (1881) : c'est *l'intensité, dans une direction normale, d'un centimètre carré de platine à la température de fusion.*

9. Principe de la photométrie. — L'œil est incapable d'apprécier directement le rapport des intensités de deux sources ou celui de deux éclairements inégaux. Il faut se servir d'éclairements égaux. Deux sources d'intensités I et I' sont placées devant deux surfaces identiques, à des distances D et D' telles qu'elles les éclairent également.

$$\frac{I}{D^2} = \frac{I'}{D'^2}.$$

Si I' est connu, on tire la valeur de I.

10. Photomètres fondés sur la loi de Képler. — 1° *Rumford.* — Les surfaces comparées sont les ombres d'une tige verticale données par les deux sources sur un écran blanc, opaque ou translucide. Ces surfaces sont trop petites et entourées d'une partie trop éclairée.

2° *Bouguer.* — Les deux sources éclairent les deux moitiés d'un écran translucide; elles sont séparées par une cloison opaque.

3° *Foucault.* — On recule la cloison opaque jusqu'à la disparition de la bande noire qui, dans la disposition de Bouguer, sépare les deux moitiés de l'écran translucide.

4° *Bunsen*. — Une tache d'huile, au centre d'une feuille de papier verticale, cesse d'être visible lorsque les deux faces sont également éclairées par les deux sources, placées de part et d'autre.

11. Emploi d'un diaphragme à ouverture variable. — Si l'on forme, avec une lentille convergente munie d'un dia-phragme à ouverture variable, une image réelle d'une source lumineuse, l'éclairement de cette image est propor-tionnel à la surface de l'ouverture du diaphragme.

Méthode de M. Cornu. — On forme l'image de la source étudiée A d'intensité I, et on l'amène, en donnant au dia-phragme une ouverture S, à avoir même éclairement que l'image juxtaposée d'une source de comparaison C. On fait de même pour la source type B, d'intensité I', en donnant au diaphragme une ouverture S'.

$$\frac{I}{I'} = \frac{S'}{S}.$$

12. Spectrophotomètre. — On juxtapose les spectres des deux sources, et on compare les intensités de chacune de ces lumières simples dans les deux spectres.

CHAPITRE II.

RÉFLEXION DE LA LUMIÈRE. MIROIRS PLANS.

Réflexion de la lumière.

13. Définitions. — *Plan d'incidence :* plan déterminé par le rayon incident et la normale au point d'incidence. — *Angles d'incidence* et de *réflexion :* angles que forment avec cette normale le rayon incident et le rayon réfléchi.

Lois. — 1° *Le rayon réfléchi reste dans le plan d'incidence.*
2° *L'angle de réflexion est égal à l'angle d'incidence.*
Le chemin déterminé par ces deux lois est tel que la

lumière emploie le temps minimum pour aller d'un point du premier milieu à un autre en touchant la surface réfléchissante.

14. Vérifications expérimentales. — La meilleure est celle qu'on obtient en vérifiant les nombreuses conséquences qu'on peut tirer de ces lois. On peut cependant recourir aux méthodes suivantes, dont la première ne donne qu'une vérification grossière.

1° *Appareil de Silbermann*. — Cercle gradué vertical, au centre duquel on fixe un petit miroir, de bronze ou de mercure, bien horizontal. Deux alidades permettent de faire réfléchir un petit faisceau lumineux et de mesurer les angles d'incidence et de réflexion. La première loi est également vérifiée, car les deux rayons et la normale sont dans un même plan; parallèle au limbe divisé.

2° *Méthode du théodolite*. — On peut avoir un résultat bien plus précis à l'aide d'un théodolite; on vise d'abord une étoile, puis on donne au cercle divisé une rotation de 180° autour de son axe vertical, sans toucher à la lunette; enfin on fait tourner celle-ci jusqu'à ce qu'on voie l'image de l'étoile par réflexion sur un bain de mercure placé devant l'appareil. Les rayons qui proviennent de l'astre dans les deux cas étant parallèles, il résulte des lois de la réflexion qu'il faut tourner la lunette exactement de 180°, ce qu'on vérifie.

Miroirs plans.

15. Image d'un point. — Tous les rayons issus d'un point A sont dirigés, après leur réflexion sur un miroir plan, comme s'ils provenaient du point A', symétrique de A par rapport à ce miroir. L'œil qui reçoit une partie de ces rayons réfléchis croit donc voir en A' un point lumineux. A' est l'image de A. Comme A' est seulement le point de rencontre des prolongements géométriques des rayons, et qu'il n'y a pas réellement de lumière, on dit que c'est une *image virtuelle :* elle peut être vue par un observateur placé convenablement devant le miroir, mais elle ne peut pas être reçue sur un écran blanc. Réciproquement, un point virtuel donne une image réelle, car les faisceaux incident et réfléchi sont échangés l'un pour l'autre : c'est le principe du *retour inverse de la lumière*.

16. Image d'un objet. — Elle se construit point par point; elle est *symétrique* de l'objet et ne lui est pas généralement superposable.

17. Champ d'un miroir. — Lieu géométrique des points de l'espace que peut apercevoir un observateur par réflexion sur le miroir. C'est *un cône ayant pour sommet l'image de l'œil et pour base le contour du miroir*. Il est évident que la partie de ce cône située en avant de la surface réfléchissante est seule utile.

18. Réflexion sur une surface transparente. — Elle se fait comme sur une surface opaque, mais une partie seulement du rayon se réfléchit; le reste traverse la surface en suivant les lois de la réfraction. La somme des intensités des rayons réfléchi et réfracté est égale à l'intensité du rayon incident; mais leur rapport varie avec l'angle d'incidence. Une surface transparente peut donc donner des images comme un miroir opaque, mais elles sont moins intenses.

19. Images données par les miroirs étamés. — Les glaces des appartements sont formées d'une lame de verre plus ou moins épaisse, étamée ou argentée sur sa face postérieure. Tout rayon lumineux qui rencontre la première face s'y divise en deux portions, dont l'une est réfléchie et l'autre réfractée. Cette dernière se propage à l'intérieur du verre en se réfléchissant alternativement sur les deux faces. La réflexion est complète chaque fois que ce rayon rencontre la face étamée; elle est partielle et donne naissance à un rayon réfracté toutes les fois qu'il rencontre la première face. Il y a donc une infinité d'images situées, par raison de symétrie, sur la perpendiculaire abaissée du point lumineux sur la glace. Si ce point est à une distance a de la première face, les distances des images au point lumineux sont

$$2a \qquad 2a + 2e\,\frac{\mathrm{tg}\,r}{\mathrm{tg}\,i} \qquad 2a + 4e\,\frac{\mathrm{tg}\,r}{\mathrm{tg}\,i},$$

ou

$$2a \qquad 2a + \frac{2e}{n} \qquad 2a + \frac{4e}{n},$$

si les angles sont assez petits pour qu'on puisse confondre le rapport des tangentes avec celui des sinus (e épaisseur du verre, n son indice de réfraction).

20. Images données par deux miroirs parallèles. — Si un point lumineux est placé entre les deux miroirs, il y a deux séries d'images, en nombre illimité, situées sur une même perpendiculaire aux miroirs menée par le point lumineux, et dont les distances à ce point sont, pour la première série,

$$2d \qquad 2d + 2d' \qquad 4d + 2d' \qquad 4d + 4d',$$

et pour la seconde

$$2d' \qquad 2d' + 2d \qquad 4d' + 2d \qquad 4d' + 4d$$

(d et d' distances du point lumineux aux deux miroirs).

21. Images données par deux miroirs qui font un angle. — Deux séries d'images, qu'on limite toutes deux lorsqu'on obtient une image située dans l'angle M'ON' opposé par le sommet à celui des miroirs MON (*fig.* 1).

$$\mathrm{MON} = \theta \qquad \mathrm{AOH} = \alpha.$$

Les distances angulaires des images, comptées à partir de la bissectrice OH, alternativement dans les deux sens, sont, pour la première série $A_1,\ A_2,\ A_3,\ldots$

$$\theta - \alpha, \qquad 2\theta - \alpha, \qquad 3\theta - \alpha, \qquad \ldots\ldots \qquad p\theta - \alpha;$$

pour la seconde série $A',\ A'',\ A''',\ldots$

$$\theta + \alpha, \qquad 2\theta + \alpha, \qquad 3\theta + \alpha, \qquad \ldots\ldots \qquad q\theta + \alpha.$$

La dernière image de chaque série est celle dont la distance angulaire est comprise entre $\pi - \dfrac{\theta}{2}$ et $\pi + \dfrac{\theta}{2}$.

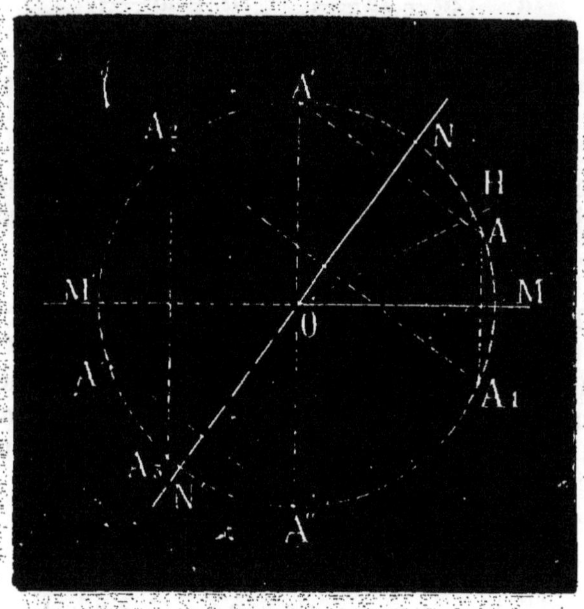

Fig. 1.

I. $\pi = n\theta$:

$$p = n, \qquad q = n.$$

Il n'y a en réalité que $2n - 1$ images, car les deux dernières coïncident.

II. $\pi = n\theta + \beta \left(\beta < \dfrac{\theta}{2} \right)$:

$$\left.
\begin{array}{ll}
1^{\circ}\ \alpha + \beta < \dfrac{\theta}{2} & p = n. \\[2mm]
2^{\circ}\ \alpha + \beta = \dfrac{\theta}{2} & p = n \ \text{ou} \ n + 1, \\[2mm]
3^{\circ}\ \alpha + \beta > \dfrac{\theta}{2} & p = n + 1.
\end{array}
\right\} q = n$$

Dans le second cas, p est indéterminé; les images d'ordre n et $n + 1$ coïncident et sont sur l'un des miroirs.

III. $\pi = n\theta + \dfrac{\theta}{2}$:

$$p = n + 1 \qquad q = n.$$

IV. $\pi = \left(n + \dfrac{1}{2}\right)\theta + \gamma \qquad \left(\gamma < \dfrac{\theta}{2}\right)$:

$$p = n + 1 \begin{cases} 1^\circ\ \gamma < \alpha & q = n, \\ 2^\circ\ \gamma = \alpha & q = n \ \text{ou} \ n + 1, \\ 3^\circ\ \gamma > \alpha & q = n + 1. \end{cases}$$

Dans le second cas, même indétermination que plus haut.

Cas particuliers. — $\alpha = 0$ et $\alpha = \dfrac{\theta}{2}$.

Application. — Kaléidoscope : $\theta = 60^\circ$ ou $\theta = 30^\circ$.

22. Miroirs tournants. — Si un miroir, qui reçoit un rayon incident fixe, vient à tourner d'un angle α, *le rayon réfléchi tourne de 2α*; car les angles d'incidence et de réflexion augmentent ou diminuent tous deux de α, suivant le sens de la rotation.

Si c'est le rayon réfléchi qui reste fixe, le rayon incident tourne de 2α.

L'image d'un point fixe tourne aussi de 2α autour de l'axe de rotation du miroir.

23. Applications. — *Méthode du miroir* ou de Poggendorff pour mesurer la déviation d'une aiguille (galvanomètre, électromètre, balance de Coulomb, etc.). Deux dispositifs : 1° Miroir concave ou miroir plan et lentille convergente. Une fente lumineuse fixe envoie un petit faisceau lumineux sur le miroir, qui tourne avec l'aiguille, et l'image réelle se déplace, sur une règle graduée, d'une quantité proportionnelle à tg 2α, ou à α, si les angles sont assez petits. — 2° Miroir plan sans lentille. Une petite lunette astronomique fixe reçoit, quand le miroir tourne, les rayons provenant des divisions successives d'une règle graduée placée au-dessous d'elle. Le déplacement lu dans la lunette est encore proportionnel à tg 2α.

Porte-lumière. — *Héliostat.* — *Sextant.*

24. Mesure des angles dièdres. — 1° *Goniomètre de Wollaston.* — Cercle vertical gradué tournant autour de son centre devant un index fixe. On rend d'abord l'arête du dièdre bien perpendiculaire au plan du cercle; puis on tourne celui-ci d'un angle tel que l'œil, visant suivant une direction fixe, voie successivement dans cette direction les deux images d'une mire éloignée données par les deux faces du dièdre. On a tourné le cercle du supplément de l'angle cherché.

2° *Goniomètre de Babinet.* —(V. plus loin, *Indices de réfraction*, § 162.)

3° *Théodolite.* — Un théodolite est placé devant le dièdre, dont l'arête est bien verticale. On vise : 1° une mire éloignée directement, puis par réflexion sur la première face du dièdre; 2° une autre mire éloignée directement, puis par réflexion sur la seconde face. Soient : α et β les angles dont on tourne la lunette dans le premier et le second cas, γ l'angle des deux positions de la lunette quand on vise directement les deux mires; l'angle cherché est

$$\gamma - \frac{\alpha + \beta}{2}.$$

25. Réflexion irrégulière ou diffusion. — Sur une surface mate ou non polie, la lumière n'est pas réfléchie suivant les lois géométriques énoncées plus haut, mais elle s'éparpille dans toutes les directions, ce qui s'explique par la forme irrégulière des aspérités que présente la surface. Les miroirs les mieux polis diffusent encore un peu de lumière. C'est la lumière diffusée par les objets qui nous permet de les apercevoir dans toutes les directions : un miroir rigoureusement poli donnerait l'image des objets, mais ne serait pas visible (illusions d'optique, production des spectres au théâtre).

CHAPITRE III.

MIROIRS SPHÉRIQUES.

26. Définitions. — Calotte sphérique, concave ou convexe. — *Axe principal* : diamètre de la sphère perpendiculaire au plan qui limite la calotte. — *Pôle* ou *sommet* : point où l'axe principal rencontre la surface réfléchissante. — *Axes secondaires* : diamètres voisins de l'axe principal. On suppose toujours qu'on ne prend que des rayons s'écartant très peu de l'axe principal, ou qu'on ne donne à la surface réfléchissante qu'une très petite ouverture par rapport au diamètre de la sphère.

27. Miroirs concaves. Image d'un point P sur l'axe principal. — Elle est sur cet axe par raison de symétrie, soit en P'.

$$\frac{PI}{P'I} = \frac{PC}{P'C}.$$

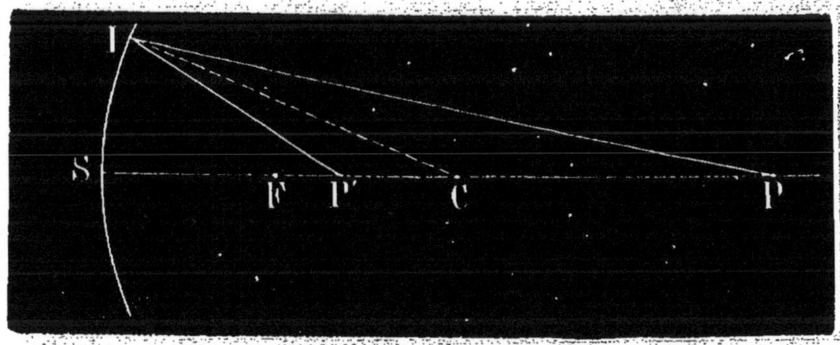

Fig. 2.

En supposant (*fig.* 2) I assez près de S pour qu'on puisse confondre $\frac{PI}{P'I}$ avec $\frac{PS}{P'S}$ et en posant

$$PS = p \qquad P'S = p' \qquad CS = R,$$

il vient

$$\frac{1}{p} + \frac{1}{p'} = \frac{2}{R}.$$

Il est facile de voir que cette formule est générale et s'applique à tous les cas : il suffit de considérer les distances p et p' comme positives en avant du miroir et comme négatives lorsqu'elles correspondent à des points situés derrière la surface réfléchissante.

28. Foyer principal. — Si le point P s'éloigne jusqu'à l'infini, c'est-à-dire si les rayons qui tombent sur le miroir sont parallèles à l'axe principal, l'image est à la distance $\frac{R}{2}$; c'est le foyer principal. En posant $f = \frac{R}{2}$, la formule devient

$$(1) \qquad\qquad \frac{1}{p} + \frac{1}{p'} = \frac{1}{f}.$$

D'après le principe du retour inverse, signalé plus haut, si le point est au foyer principal, les rayons réfléchis sont parallèles à l'axe.

29. Discussion. — Si l'on fait varier p de $+\infty$ à $-\infty$, p' ira sans cesse en croissant, puisque la somme $\frac{1}{p} + \frac{1}{p'}$ est constante. Les valeurs remarquables de p et de p' sont contenues dans le tableau suivant

p	$+\infty$	$+2f$	$+f$	$<f$	0	<0	$-\infty$.
p'	$+f$	$+2f$	$\pm\infty$	<0	0	>0	$+f$.

Les valeurs négatives de p correspondent à un point lumineux virtuel ; dans ce cas, il n'y a pas en réalité de point lumineux devant le miroir, mais celui-ci reçoit des rayons *convergents*, dont les prolongements géométriques vont se réunir en un point placé derrière la surface réfléchissante. Dans tous les cas, le point et son image peuvent être échangés l'un pour l'autre ; ils sont *conjugués*.

30. Image d'un point situé en dehors de l'axe principal.
— Comme on ne donne au miroir qu'une petite ouverture,
ce point est toujours voisin de l'axe principal et par conséquent situé sur un axe secondaire. L'image est aussi sur cet
axe, et sa position s'obtient par la formule (1). De là les
corollaires suivants :

1° L'image d'une petite portion de sphère ou d'un petit arc
de cercle concentriques au miroir est une petite portion de
sphère ou un petit arc de cercle également concentriques à
la surface réfléchissante ;

2° En remplaçant la petite portion de sphère par son plan
tangent ou le petit arc de cercle par sa tangente, on voit
que :

*L'image d'une petite portion de plan ou d'une petite droite
perpendiculaire à l'axe principal est une autre portion de plan
ou une autre petite droite également perpendiculaire à cet
axe.*

31. Plan focal. — D'après ce qui précède, tous les points
situés à l'infini forment leur image sur la sphère passant

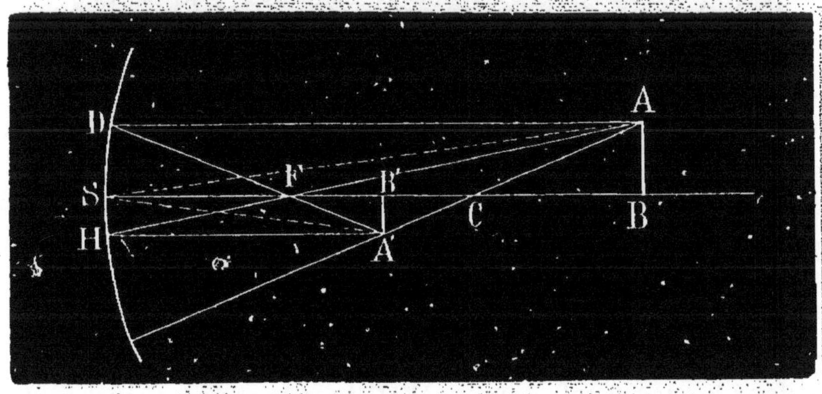

Fig. 3.

par le foyer F, ou dans le plan perpendiculaire à l'axe principal mené par F. Réciproquement tous les rayons issus d'un
même point de ce *plan focal* sont parallèles entre eux après
la réflexion.

32. Construction géométrique de l'image d'un point ou d'un objet. — Pour avoir l'image d'un point A, il suffit de trouver le point de rencontre de deux rayons réfléchis. On prend d'ordinaire deux des trois rayons suivants (*fig.* 3) : 1° AC qui n'est pas dévié; 2° AD qui va passer au foyer F; 3° AF qui se réfléchit en HA', parallèlement à l'axe principal. D'où trois constructions.

L'image d'un objet se construit point par point. On peut se servir aussi du théorème relatif à l'image d'une droite perpendiculaire à l'axe principal. Ainsi, lorsqu'on a obtenu l'image A' de A, on sait immédiatement que A'B' est l'image de AB.

33. Construction d'un rayon réfléchi quelconque. — Soit PI ce rayon (*fig.* 4).

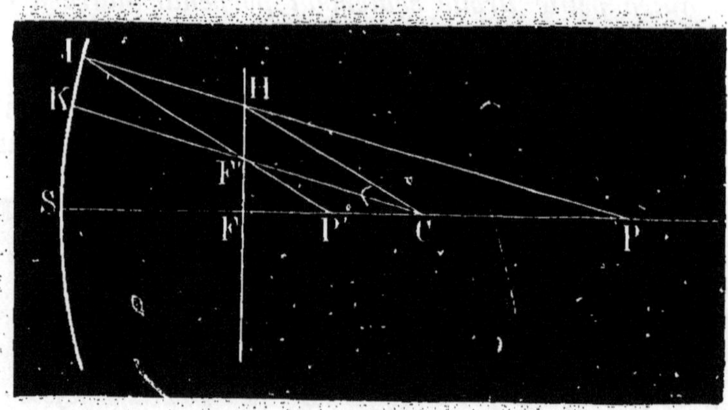

Fig. 4.

1° Tous les rayons parallèles à CK convergent, après la réflexion, en un même point, qui doit être à la fois sur CK et dans le plan focal, donc en F'. IF' est le rayon cherché, et P' est l'image de P.

2° PI peut être considéré comme partant de H, qui est dans le plan focal. Tous les rayons issus d'un point du plan focal sont parallèles entre eux après la réflexion, donc parallèles à CH, qui ne change pas. Le rayon cherché s'obtient donc en menant par I une parallèle à HC.

34. Grandeur des images. — Joignons AS et A′S (*fig.* 3). Le rayon incident AS se réfléchit suivant A′S. Donc les angles ASB et A′SB′ sont égaux, et on a

$$\frac{A'B'}{AB} = \frac{p'}{p}.$$

35. Équation de Newton. Représentation graphique. — En posant

$$p = f + z \qquad p' = f + z',$$

l'équation (1) devient

$$(2) \qquad\qquad z z' = f^2.$$

En coordonnées rectangulaires, l'équation (2) est représentée par une hyperbole équilatère rapportée à ses asymptotes. La branche positive correspond au cas où l'objet et l'image, situés au delà du foyer, sont tous deux réels; la branche négative, au cas où ils sont l'un réel, l'autre virtuel. Les deux sommets de la courbe représentent les points où l'image et l'objet se confondent, c'est-à-dire le centre et le sommet du miroir.

Il est évident que cette hyperbole représente aussi l'équation (1); il suffit de transporter les axes parallèlement à eux-mêmes au sommet situé dans l'angle négatif.

36. Construction géométrique. — La considération de l'hyperbole équilatère conduit à la construction suivante, pour obtenir le point P′ conjugué d'un point donné P. On prend deux axes rectangulaires et l'on porte sur le premier l'abscisse p du point P. On joint le point ainsi déterminé au point F ayant pour ses deux coordonnées $+f$: la droite ainsi obtenue rencontre le second axe à une distance x de l'origine

$$\frac{f}{p} + \frac{f}{x} = 1.$$

Donc $x = p'$, abscisse du point cherché P′.

37. Miroirs convexes. — En raisonnant comme plus haut (§ 27), on voit que la formule (1) convient aussi aux miroirs convexes, à condition de considérer f comme négatif, le centre et le foyer se trouvant derrière le miroir. Le foyer principal est donc virtuel. La formule (1) s'applique donc à tous les cas : le miroir est concave lorsque f est positif, convexe si f est négatif. Il est souvent commode de mettre en évidence le signe de f et d'écrire, pour les miroirs convexes,

$$(3) \qquad \frac{1}{p} + \frac{1}{p'} = -\frac{1}{f}.$$

38. Discussion. — Ici encore, p et p' varient en sens contraire.

p	$+\infty$	0	<0	$-f$	$<-f$	$-2f$	$-\infty$
p'	$-f$	0	>0	$\pm\infty$	<0	$-2f$	$-f$.

On voit que l'image est presque toujours virtuelle ; elle n'est réelle que si le point est lui-même virtuel et placé entre le miroir et son foyer.

39. Construction des images. — La formule étant la même, tout ce qui a été dit pour les miroirs concaves s'applique encore ici ; il faut seulement tenir compte, dans la construction des images, de ce que le foyer principal est virtuel.

40. Mesure de la distance focale. — On mesure le rayon avec un sphéromètre.

Miroirs concaves. — 1° On reçoit les rayons solaires et on cherche directement le foyer.

2° On se donne p et on mesure p'. Il est commode de faire $p = p' = 2f$, parce que l'image est égale à l'objet.

3° On met l'objet à la distance $2f$, puis à la distance $3f$. L'image, qui était d'abord égale à l'objet, devient deux fois plus petite. Le déplacement de l'objet mesure f [1].

On se sert, pour les deux dernières méthodes, de demi-cercles divisés comme ceux des focomètres employés pour les lentilles.

1. Voy. *Journal de Physique, Chimie et Histoire naturelle élémentaires* (juillet 1892).

Miroirs convexes. — On reçoit sur le miroir, à travers un écran percé de deux trous, deux petits faisceaux de lumière parallèle, et l'on déplace l'écran jusqu'à ce que la distance des deux faisceaux réfléchis, qui viennent le frapper, soit double de celle des faisceaux incidents. La distance de l'écran au miroir est sensiblement égale à la distance focale.

41. Aberration de sphéricité. — Aberration longitudinale, transversale ou latérale. Aberrations principales.

———o———

CHAPITRE IV.

RÉFRACTION DE LA LUMIÈRE. PRISME,

Réfraction de la lumière.

42. Définitions. — *Plan d'incidence* (comme pour la réflexion). — *Angles d'incidence et de réfraction* : angles que font avec la normale les rayons incident et réfracté. — *Dioptre :* surface réfringente, plane ou courbe, traversée par la lumière.

Lois de Descartes. — 1° *Le rayon réfracté reste dans le plan d'incidence.*

2° *Les sinus des angles d'incidence et de réfraction sont dans un rapport constant pour deux mêmes milieux :*

$$\frac{\sin i}{\sin r} = n$$

n indice de réfraction du premier milieu par rapport au second. $n > 1$: le second milieu est dit *plus réfringent* que le premier. Si le premier milieu est le vide, n représente l'*indice absolu ;* si c'est l'air, n est l'*indice relatif.*

Quand les angles sont assez petits, on a sensiblement :

$$i = nr \quad \text{(loi de Képler)}.$$

43. Interprétation géométrique. — D'après ces lois, la lumière suit, pour aller d'un point du premier milieu à un point du second, le chemin qui exige le temps le plus court.

L'indice de réfraction est égal au rapport des vitesses de la lumière dans le premier et le second milieu.

44. Vérification. — Appareil de Silbermann (§ 14) : une règle horizontale, glissant sur le pied vertical, vient toucher successivement les extrémités des deux alidades et mesure deux longueurs proportionnelles aux deux sinus.

45. Construction de Huyghens. — Soit SI un rayon incident (*fig.* 5); prenons

$$IM = 1 \qquad IN = n.$$

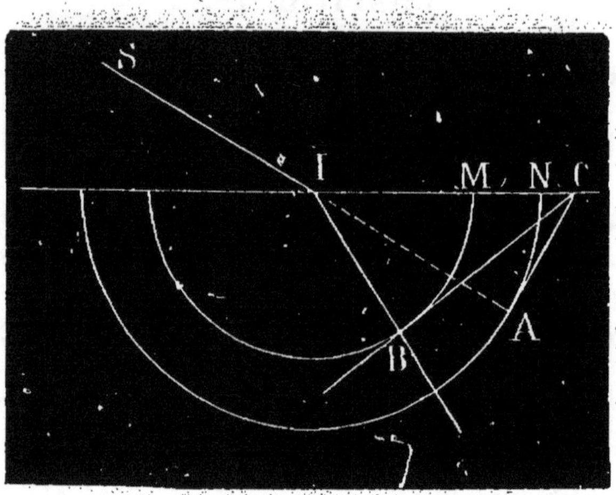

Fig. 5.

Menons AC et CB; IB est le rayon réfracté.

$$IC = \frac{IA}{\sin i} = \frac{IB}{\sin r},$$

$$\frac{\sin i}{\sin r} = \frac{IA}{IB} = \frac{IN}{IM} = n.$$

46. Réfraction par une lame à faces parallèles. — Le rayon sort parallèlement à sa direction d'incidence: il n'y a

2.

donc pas de déviation, mais seulement un déplacement latéral

$$d = e \sin i \left(1 - \sqrt{\frac{1 - \sin^2 i}{n^2 - \sin^2 i}} \right),$$

qui est proportionnel, pour une même expérience, à l'épaisseur e de la plaque.

Cette expérience démontre le principe de la proportionnalité ou du retour inverse : si n est l'indice d'un milieu B par rapport à un autre milieu A, l'indice de A par rapport à B est $\frac{1}{n}$.

47. Réfraction par deux ou plusieurs lames à faces parallèles. — Le rayon sort encore parallèlement à sa direction d'incidence. On en déduit que, si n et n' sont les indices de deux milieux A et B par rapport à un troisième milieu C, l'indice de B par rapport à A est $\frac{n'}{n}$.

Les indices des diverses substances par rapport à l'air s'obtiennent donc en divisant les indices absolus par celui de l'air 1,000294.

48. Passage de la lumière dans un milieu plus réfringent. — Soit $n > 1$. $\sin i = n \sin r$. Il y a toujours un rayon réfracté et $r < \frac{i}{n}$. La déviation $i - r$ augmente avec l'incidence.

49. Passage de la lumière dans un milieu moins réfringent. — Soit r l'angle d'incidence. L'angle de réfraction i est plus grand, car $\sin i = n \sin r$. *Angle limite* λ : $\sin \lambda = \frac{1}{n}$. Si $r > \lambda$, il n'y a plus de lumière réfractée, et tout se réfléchit (*réflexion totale*).

50. La réfraction à travers une surface plane ne donne jamais d'image. — En effet, les rayons réfractés sont tangents à la surface engendrée par la révolution d'une développée d'ellipse si le second milieu est le moins réfringent, d'hyperbole s'il est le plus réfringent.

Un point situé dans un milieu plus réfringent que l'air, l'eau par exemple, présente une sorte d'image formée de deux petites droites rectangulaires et non situées dans un même plan.

51. Foyer d'une surface plane. — Cependant, si le faisceau émis par le point lumineux n'a qu'une très faible ouverture, on peut admettre qu'il se forme une image virtuelle, qu'on peut appeler le foyer conjugué de ce point.

$$\frac{p}{\cos^2 i} = \frac{p'}{n \cos^2 r}$$

(p et p' distances du point et de son image à la surface, comptées dans la direction des rayons incidents et réfractés).

Incidence normale : $p' = n\,p$.

52. Foyer d'une lame à faces parallèles. — La première réfraction donne

$$\frac{p_1}{n \cos^2 r} = \frac{p}{\cos^2 i},$$

et la seconde

$$\frac{p'}{\cos^2 i} = \frac{p_1 + \dfrac{e}{\cos r}}{n \cos^2 r}.$$

D'où

$$p' = p + \frac{e}{n}\frac{\cos^2 i}{\cos^3 r}.$$

Incidence normale : $p' = p + \dfrac{e}{n}$. Le point lumineux paraît rapproché de $e\left(1 - \dfrac{1}{n}\right)$.

53. Réfraction atmosphérique. — **Mirage.**

Prisme.

54. Définitions. — *Prisme :* milieu réfringent terminé par deux faces planes et non parallèles. — *Angle réfringent :* angle de ces deux faces. — *Section principale :* section par un plan perpendiculaire à l'arête de l'angle réfringent. — *Base :* côté de cette section opposé à l'angle réfringent. Le plan d'incidence est généralement une section principale.

55. Réfraction par un prisme. — Les déviations données par les deux faces s'ajoutent. Si $n > 1$ (cas ordinaire), elles dirigent le rayon vers la base; si $n < 1$, elles le rapprochent de l'angle réfringent. On a

$$(1) \qquad \begin{aligned} \sin i &= n \sin r, \\ \sin i' &= n \sin r', \\ A &= r + r', \\ D &= i + i' - A, \end{aligned}$$

(i et i' angles extérieurs, r et r' angles intérieurs, A angle réfringent, D déviation).

Si on éliminait i', r et r', on aurait une valeur de D montrant que la déviation dépend seulement de n (polyprisme solide et liquide), de A (prisme à eau à angle variable) et de i.

56. Minimum ou maximum de déviation. — Les équations (1) ne changent pas si l'on permute i et i'. La déviation doit donc passer par un maximum ou un minimum.

1° On le constate en égalant à 0 la dérivée de D, tirée des équations (1). On trouve $i = i'$. Pour savoir si c'est un maximum ou un minimum, au lieu de calculer la dérivée seconde, il est plus simple de comparer cette valeur particulière de la déviation avec une autre quelconque, par exemple celle qui correspond à l'incidence normale. On trouve qu'il y a minimum pour $n > 1$ et maximum si $n < 1$.

2° On peut encore résoudre cette question en additionnant les deux premières des équations (1).

On tire

$$(1) \qquad \sin \frac{A + D}{2} = n \sin \frac{A}{2} \frac{\cos \dfrac{r - r'}{2}}{\cos \dfrac{i - i'}{2}}.$$

Le second membre est minimum ($n > 1$) ou maximum ($n < 1$) pour $i = i'$.

Dans ce cas, les équations (1) se réduisent à

$$(2) \qquad \begin{aligned} \sin i &= n \sin r, \\ A &= 2\,r, \\ d &= 2\,i - A. \end{aligned}$$

57. Conditions d'émergence. — I. $n > 1$. Considérons seulement la section principale. Dans le prisme, les rayons pouvant émerger sont compris dans la partie commune à deux cônes d'angle λ (angle limite) et ayant pour axes les normales aux deux faces. Cette partie commune correspond à un angle $2\lambda - A$; elle varie donc avec A. A l'extérieur, les rayons capables d'émerger sont compris entre l'incidence rasante ($+ 90°$) et l'incidence i_1, donnée en grandeur et en signe par

$$\sin i_t = n \sin (A - \lambda).$$

1° A $= 0$. Tous les rayons sortent de $+ 90°$ à $- 90°$.

2° $0 < A < \lambda$. Les rayons émergents sont compris dans un angle obtus, de $+ 90°$ à i_t, qui est négatif.

3° A $= \lambda$. Les rayons sont compris dans un angle droit, de $+ 90°$ à $0°$.

4° $\lambda < A < 2\lambda$. Les rayons sont compris dans un angle aigu de $+ 90°$ à i_t (positif).

5° A $= 2\lambda$. Il sort un seul rayon, d'incidence $+ 90°$.

6° A $> 2\lambda$. Il ne sort aucun rayon.

II. $n < 1$. Il n'entre que les rayons compris dans un cône d'angle λ, et ils sortent tous.

58. Foyer du prisme. — Comme une surface unique et une lame à faces parallèles, un prisme peut être considéré comme donnant une image virtuelle, si le point lumineux n'envoie qu'un faisceau de petite ouverture. On suppose que ce faisceau se réfracte au sommet même du prisme.

1re réfraction :

$$\frac{p}{\cos^2 i} = \frac{p_1}{n \cos^2 r};$$

2e réfraction :

$$\frac{p_1}{n \cos^2 r'} = \frac{p'}{\cos^2 i'} \cdot$$

D'où

$$\frac{p \cos^2 r}{\cos^2 i} = \frac{p' \cos^2 r'}{\cos^2 i'} \cdot$$

Déviation minimum :

$$p' = p.$$

59. Prisme à réflexion totale. — Prisme rectangle isocèle; soit e la longueur de chaque côté de l'angle droit :

1re réfraction :

$$p_1 = np.$$

La réflexion sur la face hypoténuse donne une image symétrique, donc à $p_1 + e$ de la face de sortie.

2e réfraction :

$$p' = \frac{p_1 + e}{n} = p + \frac{e}{n} \cdot$$

Le prisme agit comme un miroir plan muni d'une lame à faces parallèles d'épaisseur e.

CHAPITRE V.

LENTILLES.

60. Réfraction par une surface sphérique. — Soient n_1 et n_2 les indices des deux milieux, P_1 et P_2 le point et son image, C le centre du dioptre, qu'on suppose de très petite ouverture (*fig.* 6). La loi de Képler donne

$$n_1 i = n_2 r$$

ou, en remplaçant les angles par les tangentes

$$n_1\left(\frac{III}{R} - \frac{III}{p_1}\right) = n_2\left(\frac{III}{R} - \frac{III}{p_2}\right).$$

(1)
$$\frac{n_1}{p_1} - \frac{n_2}{p_2} = \frac{n_1 - n_2}{R}.$$

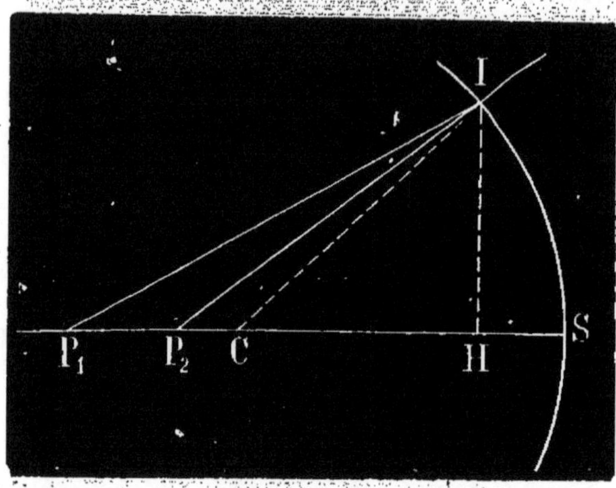

Fig. 6.

Généralisation : p_1, p_2 et R sont positifs du côté de la lumière incidente.

61. Foyers principaux. — 1ᵉʳ foyer, d'où partent les rayons qui sont parallèles après la réfraction :

$$f_1 = \frac{n_1 R}{n_1 - n_2}.$$

2ᵉ foyer, où convergent soit les rayons parallèles à l'incidence, soit leurs prolongements géométriques :

$$f_2 = - \frac{n_2 R}{n_1 - n_2}.$$

Les deux foyers sont toujours de part et d'autre du dioptre, et leurs distances focales sont, en valeur absolue, proportionnelles aux indices.

62. Plans conjugués. — L'équation (1) s'applique à un diamètre quelconque du dioptre. On voit donc, comme pour les miroirs, que l'image d'une petite portion de plan ou de ligne droite, perpendiculaire au diamètre qu'on choisit comme axe principal, est une autre petite portion de plan ou de droite, perpendiculaire à ce même axe.

63. Plans focaux. — Plans perpendiculaires à l'axe principal, menés par les deux foyers. Le premier est le lieu des points émettant des rayons qui deviennent parallèles après la réfraction; le second est le lieu des points où convergent les faisceaux de rayons parallèles de diverses directions.

64. Autres formes de l'équation (1). — En substituant dans le premier membre.

$$n_1 = f_1 \frac{n_1 - n_2}{R}, \qquad n_2 = -f_2 \frac{n_1 - n_2}{R},$$

il vient

$$(2) \qquad \frac{f_1}{p_1} + \frac{f_2}{p_2} = 1.$$

Équation de Newton. — En posant

$$p_1 = f_1 + z_1, \qquad p_2 = f_2 + z_2,$$

il vient

$$z_1 z_2 = f_1 f_2.$$

Représentation graphique : hyperbole équilatère (comme pour les miroirs).

65. Discussion de l'équation (2). — Si $f_1 > 0$, f_2 est négatif et peut être remplacé par $-f'_2$.

$$
\begin{array}{llllllll}
p_1 & +\infty & +2f_1 & +f_1 & <f_1 & 0 & <0 & -\infty \\
p_2 & -f'_2 & -2f'_2 & \mp\infty & >0 & 0 & <0 & -f'_2
\end{array}
$$

Si, au contraire, f_1 est négatif, on peut le remplacer par $-f'_1$, et f_2 est positif.

$$
\begin{array}{llllllll}
p_1 & +\infty & 0 & <0 & -f'_1 & <-f'_1 & -2f'_1 & -\infty \\
p_2 & +f_2 & 0 & <0 & \mp\infty & >0 & +2f_2 & +f_2
\end{array}
$$

66. Construction des images. — On emploie les rayons passant par les deux foyers. On peut d'ailleurs obtenir facilement un rayon réfracté quelconque par une construction analogue à celle indiquée pour les miroirs.

67. Grandeur des images. — Soient y_1 la grandeur de l'objet, y_2 celle de l'image,

$$\frac{y_2}{y_1} = -\frac{p_2 f_1}{p_1 f_2} = \frac{n_1 p_2}{n_2 p_1}.$$

68. Réfraction par deux ou plusieurs surfaces centrées infiniment rapprochées. — 1re réfraction :

$$\frac{n_1}{p_1} - \frac{n_2}{p_2} = \frac{n_1 - n_2}{R}.$$

2e réfraction :

$$\frac{n_2}{p_2} - \frac{n_3}{p_3} = \frac{n_2 - n_3}{R'}.$$

$$\cdot \cdot \cdot \cdot \cdot \cdot \cdot \cdot \cdot \cdot \cdot$$

$$\cdot \cdot \cdot \cdot \cdot \cdot \cdot \cdot \cdot \cdot \cdot$$

Dernière réfraction :

$$\frac{n_{h-1}}{p_{h-1}} - \frac{n_h}{p_h} = \frac{n_{h-1} - n_h}{R_{h-1}}.$$

En additionnant

$$\frac{n_1}{p_1} - \frac{n_h}{p_h} = \sum \frac{n_1 - n_2}{R}.$$

Les transformations de la formule, les foyers, la construction des images se déduisent facilement du cas précédent.

69. Lentilles infiniment minces. — En particulier, s'il n'y a que deux surfaces réfringentes très rapprochées, en additionnant les deux premières équations du paragraphe précédent, il vient

$$\frac{n_1}{p_1} - \frac{n_3}{p_3} = \frac{n_1 - n_2}{R} + \frac{n_2 - n_3}{R'}.$$

Si les deux milieux extrêmes sont formés par l'air, et le milieu intermédiaire par un verre d'indice n, en posant $p_1 = p,\ p_3 = p'$, on a

$$\frac{1}{p} - \frac{1}{p'} = -(n-1)\left(\frac{1}{R} - \frac{1}{R'}\right).$$

Si l'on pose encore

$$(3)\qquad \frac{1}{f} = -(n-1)\left(\frac{1}{R} - \frac{1}{R'}\right),$$

l'équation prend la forme définitive

$$(4)\qquad \frac{1}{p} - \frac{1}{p'} = \frac{1}{f}.$$

70. Équation de Newton. — Posant

$$p = f + z,\qquad p' = f + z',$$

on a

$$z z' = f^2.$$

Représentation graphique par une hyperbole équilatère. Construction géométrique de p'.

71. Centre optique. — Point tel que tout rayon qui y passe ne subit pas de déviation angulaire : dans les lentilles infiniment minces, ces rayons passent donc en ligne droite. Le centre optique divise la distance des deux centres de courbure et l'épaisseur de la lentille dans un même rapport, celui des rayons de courbure. Il est donc toujours plus près de la face de plus petit rayon.

72. Diverses formes de lentilles. — La discussion de l'équation (3) montre que la lentille est convergente si $f > 0$ et divergente si $f < 0$. Trois formes de lentilles convergentes ou à bords minces : biconvexe, plan-convexe, ménisque convergent. Trois formes correspondantes de lentilles divergentes ou à bords épais. Dans les lentilles à deux faces courbes, le centre optique est à l'intérieur ; dans les lentilles qui ont une face plane, il est sur la face courbe ; dans les ménisques, il est à l'extérieur, du côté de la face de plus petit rayon. L'*axe principal* est la droite qui joint les centres des deux faces courbes ou la perpendiculaire à la face plane menée par le centre de la face courbe. On nomme *axes secondaires* les rayons, non déviés, qui passent par le centre optique. On les regarde toujours comme s'écartant peu de l'axe principal, puisqu'on ne prend que des faisceaux de petite ouverture.

73. Lentilles convergentes. — L'image d'un point situé sur l'axe principal est donnée par la formule (4). Un point M voisin de l'axe principal a toujours un foyer conjugué, car il en a un par rapport à la première surface, soit M'; celui-ci, à son tour, a, par rapport au second dioptre, un foyer M", qui est aussi l'image définitive de M. M et M" sont évidemment sur le même axe secondaire.

L'existence des plans et des droites conjugués, des plans focaux s'établit approximativement comme pour les miroirs.

74. Discussion de l'équation (4). — On voit que p et p' varient toujours dans le même sens :

$$
\begin{array}{cccccccc}
p & +\infty & +2f & +f & <f & 0 & <0 & -\infty, \\
p' & -f & -2f & \mp\infty & >0 & 0 & <0 & -f.
\end{array}
$$

75. Construction d'un rayon réfracté quelconque. — 1° Soit AI (*fig.* 7). Tous les rayons parallèles à l'axe secondaire CD le coupent, après la réfraction, en un même point situé dans le plan focal, donc en D. Le rayon cherché est ID et A' est l'image de A.

2° Tous les rayons issus de B, dans le plan focal, sont parallèles entre eux après la réfraction et par suite parallèles à BC.

76. Construction des images. — Pour construire l'image d'un point non situé sur l'axe principal, on emploie ordinairement l'axe secondaire, le rayon parallèle à l'axe principal et celui qui passe par le premier foyer : d'où trois constructions. L'image d'un objet se construit point par point ou en s'appuyant sur ce que l'image d'une droite perpendiculaire à l'axe principal est une droite perpendiculaire au même axe.

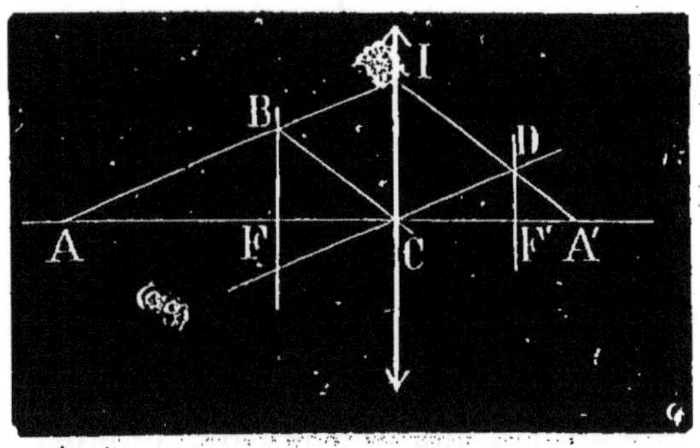

Fig. 7.

77. Grandeur des images. — On a $\dfrac{y'}{y} = \dfrac{p'}{p}$.

Si $p > f$, l'image et l'objet sont réels, et l'image est renversée. Sinon, l'un des deux est virtuel, et l'image est droite.

Si $0 < p < 2f$, l'image est plus grande que l'objet; en dehors de ces limites, elle est plus petite.

78. Lentilles divergentes. — f est négatif; les deux foyers sont donc échangés l'un pour l'autre et deviennent virtuels. Il est souvent commode de mettre le signe de f en évidence et d'écrire

$$(5) \qquad \frac{1}{p} - \frac{1}{p'} = -\frac{1}{f}.$$

79. Discussion. — p et p' varient encore dans le même sens

$$
\begin{array}{ccccccc}
p & +\infty & 0 & <0 & -f & <-f & -2f & -\infty \\
p' & +f & 0 & <0 & \mp\infty & >0 & +2f & +f
\end{array}
$$

La construction des images se fait comme pour les lentilles convergentes, mais en tenant compte de ce que le foyer est virtuel.

80. Superposition de deux lentilles infiniment minces.
— La première donne

$$\frac{1}{p_1} - \frac{1}{p_2} = \frac{1}{f},$$

et la seconde

$$\frac{1}{p_2} - \frac{1}{p_3} = \frac{1}{f'}.$$

D'où

$$\frac{1}{p_1} - \frac{1}{p_3} = \frac{1}{f} + \frac{1}{f'}.$$

Le système agit comme une lentille unique, de foyer F, telle que

$$\frac{1}{F} = \frac{1}{f} + \frac{1}{f'}.$$

81. Convergence des lentilles. — Inverse de leur distance focale : elle est positive pour les lentilles convergentes, négative pour les lentilles divergentes. Unité de convergence : *dioptrie*, ou convergence d'une lentille de 1 m. de foyer. La convergence du système formé par deux lentilles infiniment minces superposées est donc égale à la somme algébrique des convergences de ces deux lentilles.

Les numéros des verres des bésicles sont aussi exprimés en dioptries et égaux à leur convergence; ils sont comptés positivement pour les verres convergents et négativement pour les verres divergents.

82. Mesure des distances focales : focomètres. — On mesure n, et R et R' au moyen du sphéromètre.

Lentilles convergentes. — 1° On reçoit les rayons solaires et on cherche le foyer.

2° On mesure p et p'. Il est bon de faire $p = 2f$, d'où $p' = -2f$; l'image est alors égale à l'objet (focomètre Silbermann). On emploie deux demi-disques à divisions égales.

3° On déplace un de ces demi-disques de façon à avoir une image d'abord égale à l'objet, puis deux fois plus petite. La distance p a varié de $2f$ à $3f$, et le déplacement de l'objet mesure f[1].

4° Focomètre Bessel. L'objet et l'image sont à une distance fixe s, et on déplace la lentille de façon à rendre l'image nette; il y a deux positions, dont on mesure la distance d :

$$\frac{1}{p} + \frac{1}{s-p} = \frac{1}{f},$$

d est égale à la différence des racines

$$d = \sqrt{s^2 - 4sf}.$$

D'où on tire

$$f = \frac{s^2 - d^2}{4s}.$$

Lentilles divergentes. — On dirige sur la lentille deux petits pinceaux de lumière parallèle et on reçoit les faisceaux réfractés sur un écran, qu'on déplace jusqu'à ce que la distance de ces faisceaux soit double de celle des faisceaux incidents. L'écran est sensiblement au foyer.

83. Aberration de sphéricité.

———o———

CHAPITRE VI.

DISPERSION. ACHROMATISME.

Dispersion.

84. Spectre solaire. — Tout faisceau lumineux qui traverse un prisme est dévié, dilaté (il va en s'élargissant à mesure qu'il s'éloigne du prisme) et dispersé, c'est-à-dire qu'il présente une coloration rouge sur le bord le moins dévié et violette sur le bord le plus éloigné de la direction primitive.

1. Voy. *Journal de Physique, Chimie et Histoire naturelle élémentaires* (juillet 1892).

Si la source lumineuse est réduite à une très-petite ouverture ronde éclairée par les rayons solaires, on a une bande lumineuse très étroite, dans laquelle il ne reste plus de lumière blanche, mais une série de colorations variant progressivement d'une extrémité à l'autre, et que Newton a divisées en sept couleurs principales :

Rouge, orangé, jaune, vert, bleu, indigo, violet.

Si la source est une fente parallèle aux arêtes du prisme, l'image forme une bande rectangulaire (*spectre solaire*).

85. Explication. — Newton considère la lumière blanche comme formée par le mélange d'une infinité de radiations, différant les unes des autres par la couleur et l'indice de réfraction. Il l'a vérifié par un grand nombre d'expériences, constituant en quelque sorte l'analyse et la synthèse de la lumière blanche.

86. Analyse de la lumière. — Les diverses lumières qui forment la lumière blanche sont simples, c'est-à-dire ne sont plus décomposables par le prisme, et possèdent des indices de réfraction différents :

1º Un spectre est reçu sur un écran percé d'une fente laissant passer un petit pinceau lumineux qui va tomber sur un second prisme. Ce pinceau n'est pas décomposé en un spectre par le second prisme, mais la déviation varie selon la couleur.

2º *Prismes croisés.* — Un faisceau lumineux, ayant traversé une lentille, est coupé en quatre parties par deux prismes ayant leurs arêtes rectangulaires. On a quatre images : la première directe, la seconde déviée horizontalement, la troisième verticalement, et la quatrième en diagonale. Dans les trois dernières, le rouge est tourné vers l'image directe, le violet du côté opposé.

3º On regarde à travers un prisme deux bandes, bleue et rouge, placées l'une au bout de l'autre parallèlement aux arêtes. La bande bleue paraît la plus rapprochée de l'arête réfringente.

4º Un objet étant placé au delà du foyer d'une lentille convergente, son image se forme plus près de la lentille lorsqu'il est éclairé par de la lumière bleue que lorsqu'il reçoit de la lumière rouge.

5° L'angle limite est plus petit pour les rayons violets, de sorte que, si l'on incline un prisme à réflexion totale de façon à diminuer l'incidence sur la face hypoténuse, les rayons rouges cessent les premiers d'être réfléchis totalement.

87. Synthèse de la lumière. — En mélangeant les sept couleurs principales, on reproduit toujours la lumière blanche :

1° On reçoit un spectre sur une lentille convergente, de sorte que l'arête du prisme se trouve au delà du foyer principal. Au foyer conjugué de cette arête on obtient une tache blanche, en deçà un spectre disposé comme avant l'addition de la lentille, et au delà de ce point un spectre disposé en sens inverse.

2° Même expérience avec un miroir concave.

3° On reçoit les sept couleurs du spectre sur sept petits miroirs concaves, et on fait converger les sept faisceaux réfléchis en un même point d'un écran blanc. On a une tache blanche. Si l'on fait tourner un des miroirs, de façon à faire disparaître une des couleurs du spectre, il reste la couleur *complémentaire*, c'est-à-dire celle qui, ajoutée à la première, reproduit la lumière blanche.

4° *Prismes opposés.* — Derrière un prisme formant un spectre on met un second prisme de même angle et tourné en sens contraire. On a un faisceau blanc légèrement irisé sur les bords.

5° *Expérience de Charles.* — On reçoit la lumière sur un prisme équilatéral. La seconde face donne un spectre, et la troisième un faisceau de lumière blanche.

6° Newton mélangeait quatre poudres (rouge, jaune, verte et bleue) en proportions convenables pour que le mélange parût blanc. Expérience du disque tournant : on ne mélange pas les couleurs, mais on superpose les impressions sur la rétine.

88. Couleurs des corps. — 1º Par transparence : elle est due au mélange des couleurs du spectre qui sont transmises en plus grande proportion ; 2º par réflexion ou par diffusion : elle est due au mélange des couleurs du spectre qui sont réfléchies ou diffusées en plus grande proportion. Les couleurs des corps ne sont jamais simples ; elles sont toujours décomposables par le prisme, tandis que celles du spectre ne le sont pas.

89. Raies du spectre solaire. — Observées par Wollaston (1802), puis par Fraunhofer (1817). Elles servent de points de repère, en fournissant des rayons d'indice parfaitement connus. Elles s'expliquent par l'absorption des radiations correspondantes à travers l'atmosphère solaire. Grâce à l'égalité des pouvoirs absorbant et émissif, ces raies indiquent la composition qualitative de l'atmosphère solaire. On y trouve : hydrogène, potassium, sodium, calcium, baryum, fer, chrome, nickel, cobalt, etc.

Raies telluriques. — Dues à notre atmosphère, et surtout à la vapeur d'eau qu'elle contient.

90. Spectres infra-rouge et ultra-violet. — L'intensité calorifique, très faible dans le violet et le bleu, va en croissant jusqu'au rouge, et l'on trouve encore de la chaleur en deçà du rouge, sur une longueur presque égale à celle du spectre lumineux. La propriété chimique se manifeste surtout dans le bleu et le violet et s'étend bien au delà de la partie visible.

91. Fluorescence et phosphorescence. — Certaines substances, placées dans la lumière solaire ou électrique, répandent une lueur dont la coloration varie avec leur nature (*fluorescence*). Elles absorbent les rayons chimiques et émettent des radiations moins réfrangibles. D'autres corps, après avoir été exposés à la lumière, restent lumineux dans l'obscurité pendant un temps plus ou moins long (*phosphorescence*).

92. Spectroscopes. — Appareils servant à l'étude des spectres. Le spectroscope ordinaire se compose d'un prisme sur

3.

lequel un collimateur envoie un faisceau parallèle sous l'incidence du minimum de déviation ; les rayons réfractés sont
reçus dans une lunette astronomique et forment un spectre
réel et très petit au foyer principal de l'objectif. Ce spectre
est grossi par l'oculaire, qui tient lieu de loupe. Une division
micrométrique, vue par réflexion sur la seconde face du
prisme, permet de noter la position des raies observées. Au
lieu d'un seul prisme, on peut en employer plusieurs, pour
augmenter la dispersion.

Dans le spectroscope à vision directe, le prisme est un
prisme à vision directe d'Amici ; le collimateur et la lunette
sont en ligne droite. Dans celui de Thollon, la lumière
traverse successivement une série de prismes disposés en
cercle, et subit plusieurs fois la réflexion totale : on peut
ainsi arriver à placer encore le collimateur et la lunette en
ligne droite.

Achromatisme.

93. Aberration de réfrangibilité. — La lumière émise par
un orifice un peu grand donne, après avoir traversé un
prisme, une image blanche, mais irisée sur les bords, en
rouge du côté le moins dévié, en bleu du côté opposé. Les
images formées par une lentille ordinaire présentent des
irisations analogues, parce que, d'après la formule (3) (§ 69),
la distance focale est plus petite pour les rayons violets que
pour les rayons rouges (*aberration de réfrangibilité*). —
Achromatiser un prisme ou une lentille, c'est faire disparaître ces irisations sans détruire la déviation du faisceau
lumineux. Pour cela, on ajoute un prisme ou une lentille
agissant en sens inverse et formés d'un verre plus disper-
sif.

94. Achromatisme des prismes. — Soient deux prismes
de crown et de flint, d'angles A et A', tournés en sens contraire et formés de deux verres d'indices n et n', le second
étant destiné à achromatiser le premier. Supposons les angles

assez petits pour qu'on puisse appliquer la loi de Képler. La déviation est de la forme

$$D = (n - 1) A$$

pour le premier par exemple.

Un rayon rouge traversant les deux prismes subit une déviation totale :

$$D_1 = (n_1 - 1)A' - (n'_1 - 1)A',$$

et un rayon violet :

$$D_2 = (n_2 - 1)A - (n'_2 - 1)A'.$$

Si l'on veut achromatiser ces deux couleurs, il faut que

$$D_1 = D_2,$$

ou

$$\frac{n_2 - n_1}{n'_2 - n'_1} = \frac{A'}{A}.$$

D'où on tire A'.

Pour achromatiser sept couleurs, il faudrait sept prismes. On peut choisir les couleurs qui donnent le meilleur résultat (jaune et bleu) ou déterminer empiriquement la valeur de $\frac{A'}{A}$ qui produit l'effet le plus satisfaisant pour l'œil. Pour cela, on prend le prisme A et on l'achromatise avec un prisme à angle variable (*diasporamètre*), formé d'un troisième verre d'indice N, auquel il faut donner pour cela l'angle α; on a

$$\frac{n_2 - n_1}{N_2 - N_1} = \frac{\alpha}{A};$$

puis on achromatise un prisme quelconque de flint d'angle A'' avec le même diasporamètre auquel on fait faire pour cela un angle α' :

$$\frac{n'_2 - n'_1}{N_2 - N_1} = \frac{\alpha'}{A''}.$$

D'où

$$A' = A'' \frac{\alpha}{\alpha'}.$$

On a ainsi l'angle A′ du prisme de flint qui peut achromatiser le prisme de crown A.

95. Diasporamètres. — 1° *Boscowitch :* demi-cylindre tournant dans un parallélépipède présentant une entaille de même forme. — 2° *Rochon.* Deux prismes de même angle se touchant par une de leurs faces. L'un est fixe et l'autre peut tourner autour d'un axe perpendiculaire aux deux surfaces en contact.

Pour éviter le déplacement de la section principale, Jamin fait tourner les deux prismes en sens contraire avec des vitesses égales.

96. Achromatisme des lentilles. — Soient deux lentilles, l'une convexe en crown, et l'autre concave en flint, ayant une face commune. La distance focale (§ 80) est, pour le rouge,

$$\frac{1}{F_1} = -(n_1 - 1)\left(\frac{1}{R} - \frac{1}{R'}\right) + (n'_1 - 1)\left(\frac{1}{R'} - \frac{1}{R''}\right).$$

et pour le violet,

$$\frac{1}{F_2} = -(n_2 - 1)\left(\frac{1}{R} - \frac{1}{R'}\right) + (n'_2 - 1)\left(\frac{1}{R'} - \frac{1}{R''}\right).$$

Pour que ces deux couleurs soient achromatisées, il faut qu'on ait

$$\frac{n_2 - n_1}{n'_2 - n'_1} = \frac{\dfrac{1}{R'} - \dfrac{1}{R''}}{\dfrac{1}{R} - \dfrac{1}{R'}}.$$

Le second membre peut donc être déterminé à l'aide de deux prismes de crown et de flint d'angles quelconques A et A″ et d'un diasporamètre auquel on donnera, pour les achromatiser, les valeurs α et α′ :

$$\frac{\dfrac{1}{R'} - \dfrac{1}{R''}}{\dfrac{1}{R} - \dfrac{1}{R'}} = \frac{\alpha}{\alpha'}\frac{A''}{A}.$$

CHAPITRE VII.

VISION.

97. Description de l'œil. — Il est entouré par trois membranes : 1° la *cornée opaque* et *transparente*; 2° la *choroïde*, terminée en avant par l'*iris*, percée d'une ouverture circulaire, la *pupille*; 3° la *rétine*, formée par l'épanouissement du nerf optique. A l'intérieur, on trouve : 1° l'*humeur aqueuse*; 2° le *cristallin*, derrière la pupille; 3° le *corps vitré*. Le cristallin est formé de couches concentriques, dont la densité décroît du centre à la périphérie; son indice moyen est 1,4371 ; celui de la cornée, de l'humeur aqueuse et du corps vitré est 1,3365.

98. Œil réduit. — L'œil peut être assimilé à une série de surfaces centrées; la mesure exacte des éléments qui le constituent montre qu'on peut le remplacer, pour le raisonnement, par un milieu unique, ayant même indice que l'eau (1,3333), limité en avant par une surface sphérique de 5 millim. de rayon et en arrière par la rétine, placée au second foyer principal, c'est-à-dire à 20 millim. du dioptre. Le premier foyer, situé dans l'air, est à 15 millim. en avant (*œil réduit de Donders*).

99. Images rétiniennes. — Il doit donc se former sur la rétine une image réelle et renversée des objets extérieurs : on peut la voir dans l'œil d'un lapin albinos ou dans l'œil d'un bœuf, en enlevant les couches superficielles de la cornée pour la rendre transparente (*expérience de Magendie*).

100. Aberrations de l'œil. — La composition du cristallin corrige l'aberration de sphéricité. Les rayons qui traversent les couches périphériques, moins denses, sont moins déviés que si cet organe était homogène et peuvent, par conséquent, converger au même point que les rayons centraux.

Le passage du faisceau lumineux à travers trois milieux d'indices différents corrige l'aberration de réfrangibilité.

L'achromatisme ne peut pas être rigoureux, puisque ces milieux sont tous trois convergents; mais l'expérience quotidienne démontre qu'il est suffisant.

101. Emmétropie. — L'œil emmétrope ou normal est celui dans lequel la rétine est exactement au second foyer principal, ou qui, à l'état de repos, reçoit sur sa rétine les rayons parallèles à l'incidence.

102. Accommodation. — Pour que l'œil emmétrope voie également les objets situés à une distance finie, il faut ou que la rétine s'éloigne ou que l'appareil optique devienne plus convergent. C'est ce dernier phénomène qui se produit. La face antérieure du cristallin devient plus convexe et se porte en avant; la face postérieure subit aussi une légère augmentation de courbure, mais sans se déplacer sensiblement (*accommodation*). On le montre par les *images de Purkinje*, obtenues par réflexion sur la cornée et sur les deux faces du cristallin.

103. Punctum proximum. Presbytie ou presbyopie. — L'amplitude d'accommodation présente évidemment une limite (*punctum proximum* ou distance minimum de vision distincte) variable suivant les individus. On la fixe ordinairement à 22 centim. pour l'œil emmétrope. L'amplitude d'accommodation est alors $\frac{1}{0,22} = 4,5$ D. (dioptrie).

Avec l'âge, la faculté d'accommodation diminue, et le punctum proximum s'éloigne (*presbytie*). La presbytie est compatible avec toutes les amétropies décrites dans les paragraphes suivants.

L'accommodation pour le punctum proximum équivaut à l'addition devant l'œil d'un verre convergent de 4,5 D.. La presbytie diminue la convergence de ce verre idéal; pour la corriger, il faut employer une lentille convexe dont le numéro soit égal à l'augmentation de convergence qu'on veut produire. Ce numéro dépend de la distance à laquelle on veut ramener le punctum proximum. Ainsi, si le punctum proximum d'un presbyte est à la distance d, et qu'on veuille le ramener à δ, on a

$$\frac{1}{f} = \frac{1}{\delta} - \frac{1}{d}.$$

104. Myopie. Correction. — Les yeux non emmétropes sont dits amétropes. La *myopie* ou *brachymétropie* est l'amétropie d'un œil dans lequel, à l'état de repos, la rétine est au-delà du second foyer principal, de sorte que l'image d'un objet à l'infini se forme en avant de cette membrane. L'œil myope voit nettement, sans accommoder, à une distance finie et déterminée (*punctum remotum*) et, en accommodant, depuis cette distance jusqu'au punctum proximum. La myopie équivaut à l'addition devant l'œil normal d'un verre convergent. Elle se corrige par l'emploi d'une lentille divergente ayant son foyer au punctum remotum.

105. Hypermétropie. Correction. — Amétropie inverse de la précédente. La rétine est en deçà du second foyer principal, de sorte que l'image d'un objet à l'infini se forme en arrière de cette membrane : elle ne recevrait donc, sans accommodation, que des rayons déjà convergents. Son foyer conjugué virtuel est le punctum remotum du sujet. L'œil hypermétrope ne voit donc nettement à aucune distance sans accommodation. En accommodant, il voit depuis l'infini jusqu'à une distance minimum, généralement plus grande que pour l'œil normal, puisqu'une partie de la puissance d'accommodation se trouve perdue.

L'hypermétropie équivaut à l'addition devant l'œil normal d'un verre concave ; elle se corrige donc au moyen d'une lentille convergente, ayant son foyer au punctum remotum virtuel.

106. Astigmatisme. — Il arrive souvent que les surfaces limitant les divers milieux de l'œil non seulement ne sont pas sphériques, mais ne sont pas même de révolution, ce qui équivaut à l'addition d'une lentille cylindrique devant l'œil ; celui-ci peut d'ailleurs être emmétrope, myope ou hypermétrope. L'image d'un point est généralement une petite droite (*astigmatisme*). On corrige par l'addition d'une lentille cylindrique.

107. Daltonisme. — L'œil atteint de *daltonisme* confond des nuances voisines et parfois même des couleurs complètement distinctes.

108. Persistance des impressions sur la rétine. — Un objet n'impressionne la rétine que s'il est vu au moins pendant un certain temps, variable du reste avec l'intensité de la lumière. S'il est vu, l'impression persiste environ $\frac{1}{10}$ de seconde après sa disparition (phénakisticope, zootrope, etc.).

109. Vision binoculaire. — Sert à nous donner la sensation de la distance et surtout du relief, parce que les images qui se forment au fond des deux yeux ne sont pas absolument identiques. L'explication est confirmée par le stéréoscope. Deux images d'un même objet, semblables à celles qui se formeraient sur les deux rétines d'un observateur, sont regardées séparément par les deux yeux à travers deux prismes accolés par leur sommet, qui les reportent au même point. C'est comme si l'observateur voyait l'objet en relief à cette distance.

CHAPITRE VIII.

INSTRUMENTS D'OPTIQUE.

110. Définition. — Combinaisons de surfaces réfléchissantes ou réfringentes ayant pour but de remplacer l'observation directe d'un objet par celle d'une image, réelle ou virtuelle, placée dans des conditions de grandeur et de position telles qu'elle fournisse une image rétinienne plus grande. C'est la condition nécessaire pour voir plus de détails : la rétine étant formée d'éléments très petits, dont chacun ne transmet au cerveau qu'une perception unique, il faut, pour qu'on distingue par exemple les deux extrémités d'une droite, qu'elles forment leur image sur deux éléments différents.

Instruments sans oculaire.

111. Définitions. — Ce sont des *objectifs*, servant à projeter une image réelle des objets : ils peuvent être formés d'un miroir concave, d'une lentille convexe ou d'un système de plusieurs lentilles convergentes.

Grossissement : rapport de deux dimensions homologues de l'image et de l'objet : soit $\dfrac{A'B'}{AB}$ (*fig.* 8). Si l'image réelle se forme à la distance D, on a $p' = -D$

$$G = \frac{D}{p} \qquad \frac{1}{p} + \frac{1}{D} = \frac{1}{f} ;$$

d'où

$$G = \frac{D}{f} - 1.$$

On le mesure en projetant un objet de dimensions connues, un micromètre sur verre dans le microscope solaire, une règle divisée dans la chambre noire ou les appareils à projections. Les appareils suivants sont des objectifs.

112. Microscope solaire. — Sert à projeter une image réelle et très agrandie d'objets microscopiques et transparents. Se compose d'une lentille convergente à court foyer ou d'un système de lentilles très convergent ; l'objet AB est placé un peu au delà du foyer (*fig.* 8). La mise au point se fait en déplaçant le microscope au moyen d'une crémaillère, puis d'une vis de rappel.

Comme on emploie d'ordinaire un très fort grossissement, il faut éclairer fortement l'objet. Les rayons solaires, reçus sur le porte-lumière, tombent sur deux lentilles convexes, dont la dernière mobile, qui les font converger sur l'objet. On peut employer la lumière électrique.

Pour augmenter le grossissement, il faut accroître D ou diminuer f. Pour éviter un trop petit foyer, on peut ajouter une lentille divergente.

113. Appareil à projections, lanterne magique. — Servent à projeter des objets transparents, mais de dimensions plus grandes. Même théorie. Le grossissement est moins fort,

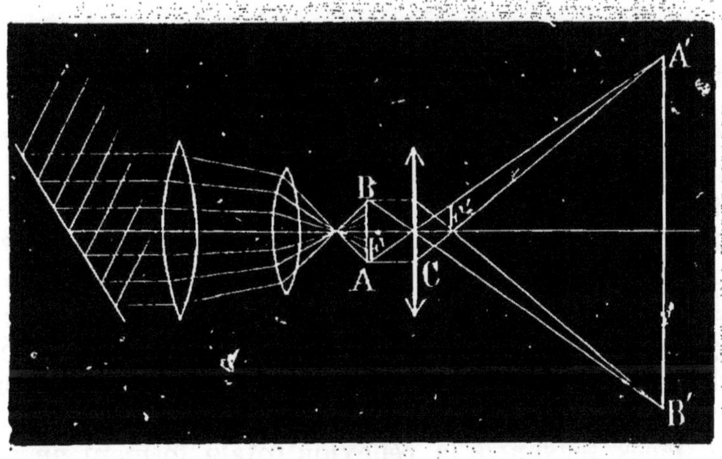

Fig. 8.

l'éclairage n'a pas besoin d'être aussi intense. Ces appareils se composent d'un système convergent formé d'une ou de deux lentilles.

Mégascopes : appareils analogues servant aussi à projeter des corps opaques.

114. Chambre noire. — Même principe. Sert à projeter sur le fond de l'appareil une image d'un objet extérieur. Cette image est ordinairement plus petite que l'objet, quelquefois égale et rarement plus grande. L'objectif est un système convergent formé de deux lentilles. La mise au point se fait en faisant varier la distance de l'objectif au fond. Application à la photographie.

Pour le dessin, on a d'abord ajouté un miroir plan incliné à 45° pour rendre l'image horizontale ; mais elle a l'inconvénient de se former derrière le verre dépoli. Nollet a mis d'abord un miroir incliné à 45° vers le bas, puis au-dessous une lentille convergente ayant son axe vertical. Charles Chevalier a adopté un prisme à réflexion totale dont les faces forment ménisque convergent.

Instruments à oculaire.

115. Définition. — Donnent une image ordinairement virtuelle.

116. Chambre claire. — Donne une image virtuelle qui semble projetée sur un papier où on la dessine. Peut être formée d'une glace sans tain inclinée à 45°, au-dessus de laquelle on place l'œil. Mais 1° l'image est renversée; 2° elle est peu éclairée; 3° elle est symétrique de l'objet et par conséquent beaucoup plus éloignée que le papier, ce qui exige des efforts continuels d'accommodation. On a plus de clarté avec un prisme à réflexion totale. La chambre claire de Wollaston est formée d'un prisme à quatre faces; les deux faces servant à la réflexion totale forment un angle de 135°. La seconde réflexion redresse l'image. On peut ajouter un ménisque concave ou entailler le bord supérieur, pour lui donner la forme d'un tel ménisque, ce qui rapproche l'image virtuelle à la distance du papier.

117. Oculaires. — Appareils formés d'une ou plusieurs lentilles centrées avec lesquelles l'œil regarde un objet ou une image réelle, et qui en donne une image ordinairement virtuelle.

O. positifs : servent à regarder un objet réel; ils sont convergents, sauf les bésicles des myopes.

O. négatifs : servent à regarder un objet virtuel; ils peuvent être convergents (Huyghens) ou divergents (lunette de Galilée).

La loupe et le microscope peuvent être considérés comme des oculaires.

118. Puissance d'un oculaire. — Angle sous lequel on voit à travers cet oculaire l'unité de longueur (supposée très petite).

Soient c la distance CO du centre optique de l'oculaire C à celui de l'œil O (œil réduit), D la distance de l'œil A'O à laquelle se forme l'image A'B', supposée virtuelle (*fig.* 9). La puissance est l'angle A'OB' ou sa tangente

$$P = \frac{A'B'}{A'O} = \frac{p'}{p}\frac{1}{D}.$$

Mais

$$p' = D - c \quad \text{et} \quad \frac{1}{p} - \frac{1}{p'} = \frac{1}{f}.$$

D'où

$$P = \left(1 + \frac{D-c}{f}\right)\frac{1}{D}.$$

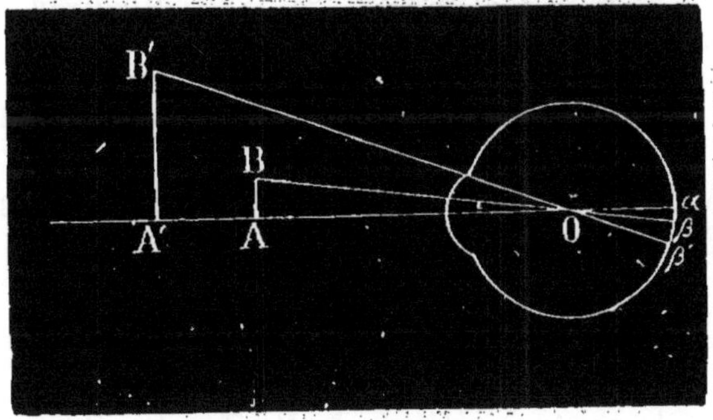

Fig. 9.

La puissance se réduit à $\frac{1}{f}$ et devient égale à la convergence soit pour $D = \infty$, soit pour $c = f$; ce dernier cas se présente fréquemment.

119. Grossissement d'un oculaire. — Rapport des images rétiniennes obtenues avec ou sans l'oculaire ou rapport des diamètres apparents sous lesquels on voit l'objet avec ou sans l'oculaire.

Supposons que, pour regarder l'objet à l'œil nu, on le place à la distance $d = OA$ (*fig.* 9) (généralement la distance minimum de vision distincte) :

$$G = \frac{\alpha\beta'}{\alpha\beta} = \frac{\dfrac{A'B'}{D}}{\dfrac{AB}{d}} = \frac{A'B'}{AB}\frac{d}{D}.$$

En remplaçant les angles, supposés assez petits, par leurs tangentes,

$$G = \left(1 + \frac{D - c}{f}\right)\frac{d}{D},$$
$$G = Pd.$$

La puissance est égale au grossissement multiplié par la puissance de l'œil, car l'œil voit une longueur 1 à la distance d sous un angle dont la tangente est $\frac{1}{d}$. La puissance et le grossissement, ainsi définis, ne diffèrent donc que par un facteur constant; toutes les conséquences relatives à l'une de ces quantités doivent s'étendre à l'autre.

120. A quelle distance se forme l'image? Influence de la position de l'œil. — A quelle distance D doit se former l'image A′B′ pour que la puissance et le grossissement soient maxima? On peut écrire

$$P = \frac{1}{f} + \frac{1}{D}\left(1 - \frac{c}{f}\right).$$

1° $c < f$ (le centre optique de l'œil entre l'oculaire et son foyer); le second terme est positif; la puissance est maxima lorsque D est minimum.

2° $c > f$. La puissance est maxima avec D.

3° $c = f$. La puissance est égale à $\frac{1}{f}$ et indépendante de D.

Dans le premier cas, il serait avantageux que l'image se formât au punctum proximum; dans le second, au punctum remotum : elle serait alors rejetée à l'infini pour l'emmétrope et réelle pour l'hypermétrope. L'image se forme-t-elle vraiment, comme on l'admet parfois, dans la position où la puissance est maxima? Nous avons démontré, par des expériences directes, qu'il n'en est rien, et qu'elle se forme toujours à une distance moyenne entre le punctum proximum et le punctum remotum [1].

1. Voy. *Journal de Physique, Chimie et Histoire naturelle élémentaires* (1892).

Le troisième cas $(c = f)$ n'est jamais réalisé rigoureusement; il l'est approximativement dans les oculaires munis d'un œilleton, qui oblige l'œil à se placer à peu près à cette distance; il ne l'est jamais dans la loupe. Les mêmes considérations s'appliquent au grossissement.

121. Loupe. — Oculaire servant à observer les petits détails d'un objet. Se compose d'une lentille convergente. L'objet se place généralement en deçà du foyer, et l'on en a une image virtuelle (¹) (*fig.* 10). L'oculaire simple ou de Képler est une loupe.

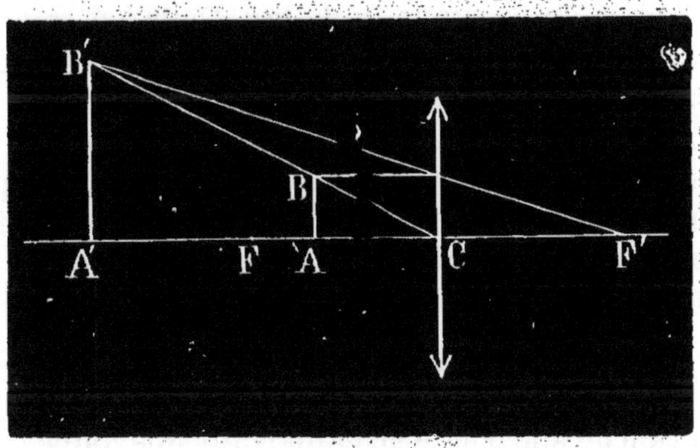

Fig. 10.

122. Puissance et grossissement. — Comme pour les oculaires en général. On prend souvent pour la puissance l'expression approchée

$$P = \frac{1}{f}.$$

Il suffit alors de mesurer la distance foca. pour connaître cette quantité. D'ailleurs, on peut mesurer la puissance et le grossissement par la chambre claire, comme nous l'indiquons plus loin pour le microscope (§ 133).

1. Nous avons vu (§ 120) que cette image peut être réelle dans le cas de l'œil hypermétrope.

123. Aberrations. — Les images vues près des bords du champ paraissent irisées quand on place l'œil assez loin ; ce défaut s'atténue quand on rapproche l'œil de la lentille ; mais il ne disparaîtrait que si le centre optique de cet organe coïncidait avec celui du verre convergent.

Les images vues près des bords sont confuses et déformées, à cause de l'aberration de sphéricité, surtout quand la loupe est à très court foyer.

124. Diaphragme. — Pour diminuer l'aberration de sphéricité dans les loupes très convergentes, on les munit d'un diaphragme circulaire, qui intercepte les rayons marginaux, mais qui diminue le champ. Pour éviter cet inconvénient, Wollaston a placé le diaphragme dans une entaille pratiquée dans la lentille, qui peut alors être très convexe et prendre même la forme d'une petite sphère.

Dans les *loupes périscopiques* de Coddington, la sphère est simplement creusée d'une rainure profonde, qui l'entoure complètement, et dont les parois tiennent lieu de diaphragme.

125. Loupes composées ; oculaires positifs. — On peut encore obtenir un système très convergent et diminuer l'aberration de sphéricité en employant une loupe composée, formée de deux lentilles convexes fixées à une distance invariable. L'objet AB est en deçà du foyer F de la première (*fig.* 11), qui en donne une image virtuelle A_1B_1, située elle-même en deçà du foyer F' de la seconde. Celle-ci donne à son tour une image virtuelle A'B'.

Les oculaires positifs sont des loupes composées.

O. de Ramsden : deux lentilles plan-convexes de même distance focale, les faces planes en dehors, distantes d'une longueur égale aux $\frac{2}{3}$ de cette distance focale.

126. Puissance et grossissement d'un oculaire positif. — Soit l la distance des deux verres (*fig.* 11) :

$$P = \frac{A'B'}{AB} \frac{1}{D}$$

$$\frac{1}{p} - \frac{1}{p_1} = \frac{1}{f} \qquad \frac{1}{l + p_1} - \frac{1}{D - c} = \frac{1}{f'}.$$

$$P = \frac{D - c}{l + l_1} \frac{p_1}{p} \frac{1}{D}$$

$$P = \left[1 + \frac{D - c}{f'} + \frac{D - c - l}{f} - \frac{l(D - c)}{ff'} \right] \frac{1}{D}.$$

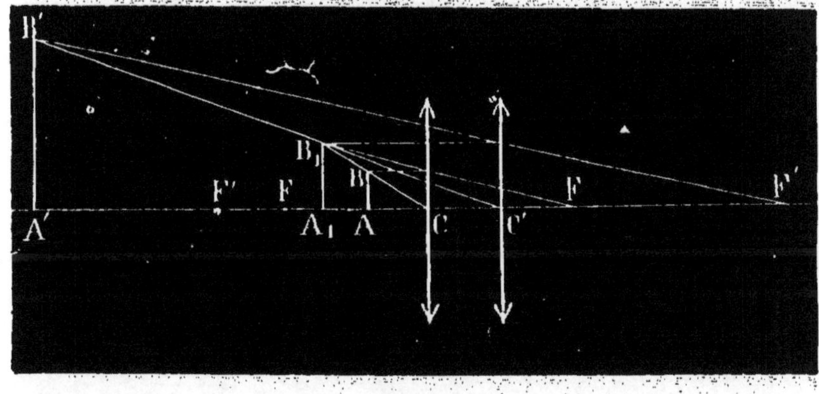

Fig. 11.

Le grossissement s'obtient en multipliant par d. Pour l'oculaire de Ramsden, en supposant $c = o$, la puissance est

$$P = \left(\frac{1}{3} + \frac{4}{3} \frac{D}{f} \right) \frac{1}{D}.$$

127. Doublet de Wollaston. — Diminue encore l'aberration de sphéricité. Se compose de deux lentilles plan-convexes tournant les deux faces planes vers l'objet, et dont on peut faire varier légèrement la distance pour mettre au point.

On a $f' = 3f$ et la distance l est à peu près $\frac{3}{2} f$.

En supposant $c = 0$, la puissance est

$$P = \left(\frac{5}{6} \frac{D}{f} - \frac{1}{2} \right) \frac{1}{D}.$$

128. Loupe montée. Microscope simple. — Loupe montée sur un pied qui facilite la mise au point et permet d'avoir les deux mains libres pour disséquer.

129. Oculaire négatif. — Sert à regarder un objet virtuel AB (en général l'image réelle que donnerait un objectif), placé entre les deux verres convergents. La première lentille en donne une image réelle A_1B_1, et la seconde fonctionne comme loupe (*fig.* 12).

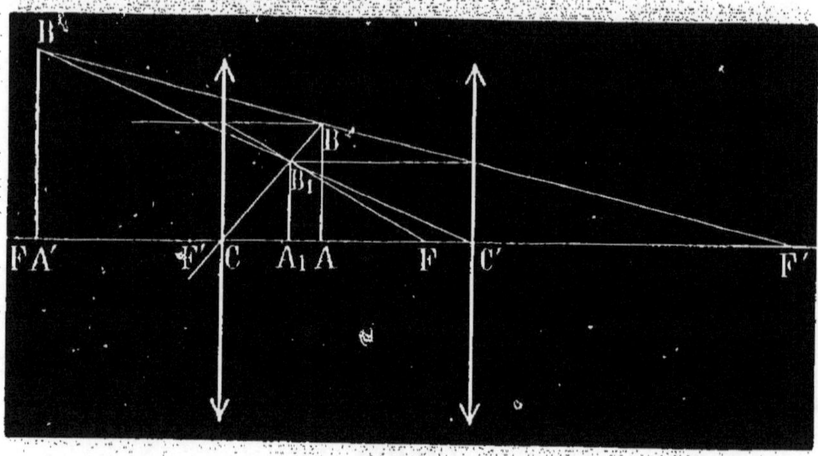

Fig. 12.

O. de Huyghens : le meilleur et le plus employé des oculaires. Deux lentilles plan-convexes tournant leurs faces courbes vers l'objet. La longueur l qui les sépare est un peu inférieure à la première distance focale f et un peu supérieure à la seconde : ainsi $f' = \frac{1}{3} f$ et $l = \frac{2}{3} f$.

Il augmente le champ et corrige la courbure de l'image.

130. Puissance et grossissement d'un oculaire négatif. — On a

$$P = \frac{A'B'}{AB} \frac{1}{D} = \frac{D - c}{l - p_1} \frac{p_1}{p},$$

$$-\frac{1}{p} + \frac{1}{p_1} = \frac{1}{f} \qquad \frac{1}{l - p_1} - \frac{1}{D - c} = \frac{1}{f'}$$

$$P = \left[1 + \frac{D - c}{f'} + \frac{D - c - l}{f} - \frac{l(D - c)}{ff'} \right] \frac{1}{D}.$$

Le grossissement s'obtient en multipliant par d.

4.

131. Microscope composé. — Sert à observer les objets ou les détails microscopiques. Se compose essentiellement de deux lentilles convergentes, qui agissent l'une comme objectif, l'autre comme oculaire (*fig.* 13). L'objet AB est un peu au delà du foyer principal de l'objectif C, qui en donne une image réelle, renversée et agrandie A_1B_1. Cette image

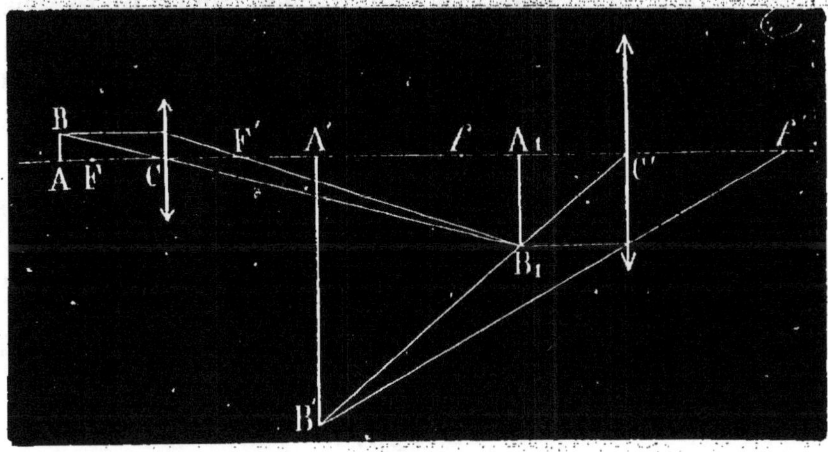

Fig. 13.

est regardée avec l'oculaire C′ fonctionnant comme une loupe.

Si l'on veut agrandir A_1B_1 (§ 111), il faut diminuer la distance focale de l'objectif; pour éviter d'augmenter l'aberration de sphéricité, on le compose de deux à quatre lentilles plan-convexes, de préférence achromatiques, tournant leurs faces planes vers l'objet. L'oculaire est toujours composé, presque toujours négatif (Huyghens); il corrige en partie le défaut d'achromatisme que peut avoir l'objectif.

L'objet est maintenu sur une *platine* en verre noir, et éclairé par un miroir plan ou concave, placé au-dessous. Pour les forts grossissements, on ajoute au miroir plan un système de lentilles convergent (*condensateur*). L'objectif et l'oculaire sont fixés aux deux bouts d'un tube (*corps*) qu'on approche plus ou moins de l'objet pour mettre au point, au moyen d'une crémaillère et d'une vis de rappel. Microscope inclinant.

Pour les forts grossissements, il faut amener l'objectif presque au contact de l'objet, et l'on est arrêté par la petite lame de verre qui le recouvre (couvre-objet). Dans les *objectifs à immersion*, on introduit entre cette lamelle et l'objectif une goutte d'eau, ou d'huile transparente (*immersion homogène*), ce qui oblige à soulever un peu l'objectif pour rétablir la mise au point. On peut donc atteindre un grossissement plus fort. En même temps, on perd moins de lumière. Dans les *objectifs à correction*, la première lentille se déplace pour mieux corriger les aberrations.

132. Puissance et grossissement du microscope. — Comme pour les oculaires en général. Mais nous pouvons le calculer en fonction des quantités correspondantes relatives à l'objectif et à l'oculaire. Soient $p'g'$ pour l'oculaire et g le grossissement de l'objectif.

L'objectif donne de l'unité une image de longueur g, qui est vue par l'oculaire sous un angle $p'g$. Donc

$$P = gp'.$$

Mais nous savons (§ 119) que

$$G = Pd.$$

Donc

$$G = g \times p'd = gg'.$$

Si l'image réelle se forme à une distance h de l'objectif, on a (§ 111)

$$g = \frac{h}{f} - 1.$$

D'où

$$P = \left(\frac{h}{f} - 1\right)p' \qquad G = \left(\frac{h}{f} - 1\right)p'd.$$

On accroît la puissance et le grossissement en augmentant h et p' et en diminuant f.

133. Mesure de la puissance et du grossissement. — 1° *Méthode du micromètre oculaire.* — On se sert d'un oculaire négatif contenant, dans le plan où se forme l'image réelle, un micromètre en dixièmes de millimètre, et l'on place sur la platine un micromètre en centièmes de millimètre. Si une division de l'image paraît recouvrir n divisions du micromètre oculaire, le grossissement g de l'objectif est $10\,n$. En multipliant par la puissance ou par le grossissement du *verre de l'œil* (lentille de l'oculaire la plus rapprochée de l'œil), on a la puissance ou le grossissement de l'appareil entier.

2° *Méthode de la chambre claire.* — La chambre claire d'Amici se compose d'un miroir incliné à 45° et percé d'un trou central, qu'on fixe au-dessus de l'oculaire, et d'un prisme à réflexion totale, disposé latéralement. On voit ainsi simultanément une règle installée sous le prisme et un micromètre placé sur la platine de l'instrument. Le nombre de divisions de la règle que couvre l'image d'une division du micromètre mesure le grossissement.

A quelle distance de l'œil faut-il placer la règle pour que cette méthode soit exacte? Il est facile de voir que c'est à la distance d où l'on placerait l'objet pour le voir à l'œil nu, soit en général au punctum proximum. En effet, si on place la règle à cette distance, on mesure, non pas la vraie grandeur de l'image, mais sa projection à cette distance, c'est-à-dire

$$A'B'\,\frac{D}{d}.$$

En divisant cette quantité par la grandeur de l'objet, on a

$$\frac{A'B'}{AB}\,\frac{d}{D},$$

c'est-à-dire le grossissement.

Pour avoir la puissance, on opère de même, en mettant la règle graduée à une distance quelconque, et on divise le résultat par cette distance. On a

$$\frac{A'B'}{AB}\cdot\frac{1}{D}$$

ou la puissance. On peut même opérer successivement à diverses distances et prendre la moyenne.

3° *Méthode de la double vue.* — On opère comme dans la méthode précédente, mais sans chambre claire, en fixant un œil dans le microscope et l'autre sur la règle graduée.

134. Mesure du diamètre des objets microscopiques. — 1° On dessine à la chambre claire et au même grossissement l'image de l'objet et celle d'un micromètre, et on les compare. 2° On regarde l'objet avec un oculaire à micromètre et l'on mesure le nombre de divisions recouvert par son image. 3° On regarde l'objet posé sur un micromètre.

135. Disque oculaire. — Image réelle et très petite de la dernière lentille de l'objectif donnée par l'oculaire; c'est là qu'il faut placer l'œil pour qu'il reçoive tous les rayons qui ont traversé l'instrument. Le *point oculaire* est le centre du disque oculaire.

136. Champ. — Lieu des points qu'on voit simultanément à travers le microscope. Chaque point B du champ (*fig.* 14) envoie sur l'objectif un faisceau conique donnant naissance à un cône réfracté d'angle très petit, et qu'on peut confondre sensiblement avec l'axe secondaire BCB₁ qui joint ce point à son image réelle. Pour qu'un point soit vu, il suffit que le cône réfracté ou cet axe secondaire coupe l'oculaire. Le champ est donc la seconde nappe d'un cône ayant pour sommet le centre optique de l'objectif (supposé infiniment mince) et pour base le contour de l'oculaire.

137. Diaphragme. — On supprime les points dont les cônes réfractés seraient partiellement coupés par l'oculaire, et qui, par suite, seraient moins éclairés que la partie centrale, en fixant dans le plan de l'image réelle un diaphragme noirci percé d'une ouverture de diamètre convenable.

En supposant le diaphragme au foyer principal de l'oculaire, de distance focale f', son diamètre est

$$\left(\omega' - \frac{l''}{l - l'}\,\omega\right)\frac{l - l''}{l'}.$$

(*l* distance de l'objectif à l'oculaire, ω et ω' diamètres de ces deux lentilles).

138. Effet de l'oculaire sur l'achromatisme. — Si l'objectif n'est pas tout à fait achromatique, il donne sept images de couleurs différentes, dont les extrémités sont sur une même droite passant par son centre optique. L'oculaire à son tour donne sept images, dont les extrémités sont sur une même droite, conjuguée de la première par rapport à cette lentille, et qui, par conséquent, va passer au point oculaire. En plaçant l'œil en ce point, on voit toutes les images sous le même angle, ce qui détruit les irisations. Si l'œil est notablement plus près, il voit l'image bordée de rouge à l'extérieur ; s'il est beaucoup plus loin, il la voit bordée de violet.

139. L'oculaire négatif augmente le champ. — L'image réelle due à l'objectif se formerait en A_1B_1 (*fig.* 14), si l'ocu-

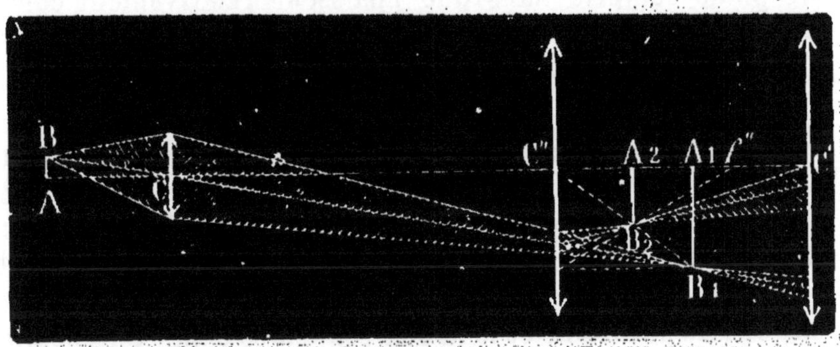

Fig. 14.

laire se composait simplement du verre de l'œil C' ; si on ajoute la lentille C'', A_1B_1 agit comme un objet virtuel, et C'' en donnera une image réelle A_2B_2, qu'on regarde avec le verre C', fonctionnant comme une loupe. On voit que le cône réfracté de B, qui aurait eu son sommet en B_1, est brisé par la lentille C'', qui ramène ce sommet en B_2 ; ce cône est donc rapproché de l'axe principal, et le point B, s'il était primitivement hors du champ, peut s'y trouver ramené. Le champ est donc augmenté. C'' est appelé *verre de champ* ou *lentille collective*.

140. L'oculaire négatif corrige l'aberration de sphéricité. — Par suite de cette aberration, l'image réelle peut être légèrement concave vers l'objectif. L'oculaire simple de Képler augmenterait encore ce défaut. La lentille de champ la rend au contraire convexe vers l'objectif et le verre de l'œil la redresse.

141. Qualités d'un microscope. — 1° *Pouvoir définissant :* propriété de donner des images formées de lignes bien fines et terminées par des contours bien nets ; il est dû à une bonne correction des aberrations. 2° *Pouvoir analysant* ou *résolvant :* propriété qui permet d'observer des détails très délicats à la surface de l'objet ; il exige un grand angle d'ouverture de la première lentille objective. 3° *Pouvoir pénétrant :* qualité qui permet de mettre au point à la fois tous les plans compris dans une épaisseur relativement considérable de l'objet ; l'objectif doit avoir une petite ouverture. Cette qualité est inférieure à la précédente.

142. Télescopes ; puissance et grossissement. — Les télescopes servent à observer les objets éloignés et doivent en donner une image rétinienne plus grande. On distingue : 1° les *télescopes dioptriques* ou *lunettes*, formés uniquement de lentilles ; 2° les *télescopes catoptriques*, dont l'objectif est un miroir. La puissance et le grossissement se définissent comme pour les instruments qui précèdent ; mais l'expression du grossissement peut être un peu modifiée. La définition donne

$$G = \frac{\dfrac{A'B'}{D}}{\dfrac{AB}{d}},$$

d représentant ici la distance à laquelle l'objet se trouve placé naturellement, puisqu'il n'est pas ordinairement en notre pouvoir de changer cette distance. Cette distance peut être, sans erreur sensible, comptée à partir de l'objectif C (voy. *fig.* 15), puisqu'elle est très grande. Si on la suppose infinie, l'image réelle A_1B_1 se forme au foyer principal et

$$\frac{AB}{d} = \frac{A_1B_1}{F},$$

(F distance focale de l'objectif). D'où

$$G = \frac{A'B'}{A_1B_1}\frac{F}{D};$$

mais

$$\frac{A'B'}{A_1B_1}\frac{1}{D} = p',$$

puissance de l'oculaire. Donc

$$G = Fp'.$$

Mais on sait (§ 120) que

$$p' = \frac{1}{f} + \frac{1}{D}\left(1 - \frac{c}{f}\right).$$

Si l'on suppose soit $D = \infty$ (œil emmétrope sans accommodation), soit $c = f$ (centre optique de l'œil coïncidant avec le second foyer de l'oculaire), on a

$$p' = \frac{1}{f},$$

et

$$G = \frac{F}{f}.$$

Le grossissement se mesure, comme pour le microscope, à l'aide d'une chambre claire, mais de plus grandes dimensions, et, comme il est beaucoup moins fort, on vise le même objet, une mire éloignée, simultanément avec la lunette et avec la chambre claire. Si l'image d'une division vue dans la lunette paraît recouvrir *n* divisions vues dans la chambre claire, le grossissement est *n*. On peut aussi, sauf pour la lunette de Galilée, se servir de l'anneau oculaire (§ 145).

143. Lunette astronomique. — Se compose de deux lentilles convergentes, objectif et oculaire (*fig.* 15). L'objectif

donne une image réelle et renversée A_1B_1, située sensiblement
à son foyer (l'objet est supposé en dehors des limites du
dessin); l'oculaire sert de loupe pour regarder cette image
et en donne une image virtuelle A'B' également renversée.

L'appareil est formé de deux ou trois tubes rentrant l'un

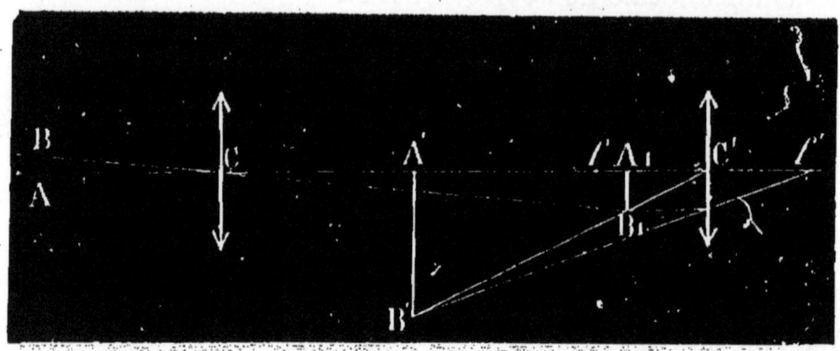

Fig. 15.

dans l'autre, et qui se tirent à la main avec une crémaillère.
L'objectif et l'oculaire sont aux deux bouts de ces tubes. La
mise au point se fait en éloignant l'oculaire de l'objectif; il
en est de même dans tous les télescopes.

Comme il est impossible d'éclairer l'objet artificiellement,
on augmente le diamètre de l'objectif avec le grossissement,
afin de recevoir un plus grand nombre de rayons venant de
chaque point.

Les lunettes très grossissantes portent une petite lunette
parallèle (*chercheur*), qui permet de trouver plus facilement
l'objet cherché, la clarté étant plus grande et le champ plus
vaste.

144. Disque ou anneau oculaire. — Comme pour le microscope.

145. Grossissement. — Nous avons donné plus haut
l'expression du grossissement. Il peut se mesurer soit par la
chambre claire, soit au moyen du disque oculaire. Supposons
l'image virtuelle formée à l'infini (œil emmétrope sans accommodation) : la longueur de la lunette devient $F + f$, et

l'on a, en appelant R et a les rayons de l'objectif et de l'anneau oculaire,

$$\frac{R}{a} = \frac{F + f}{p'},$$

et

$$\frac{1}{F + f} + \frac{1}{p'} = \frac{1}{f}.$$

D'où

$$\frac{R}{a} = \frac{F}{f} = G.$$

146. Dynamètre de Ramsden. — On mesure R avec un compas et a avec le *dynamètre*. Cet instrument est formé de trois tubes entrant l'un dans l'autre à tirage ou à l'aide d'un pas de vis. Le premier s'applique sur l'oculaire, le second porte un micromètre translucide, et le troisième une loupe. On met le micromètre au point, puis on l'enfonce jusqu'à ce qu'il soit dans le plan de l'anneau oculaire.

Si la lunette renferme un diaphragme, on ne prend que la surface utile de l'objectif, celle dont le disque oculaire est l'image.

147. Grossissement avec un oculaire composé. — Les lunettes sont toujours munies d'un oculaire composé, souvent négatif; les avantages sont les mêmes que dans le microscope. Le grossissement Fp' devient, en remplaçant p' par la valeur tirée des §§ 126 et 130 :

$$G = \frac{F}{D}\left[1 + \frac{D - c}{f} + \frac{D - c - l}{f} - \frac{l(D - c)}{ff'}\right].$$

148. Champ. — Les cônes réfractés ayant une plus grande ouverture que dans le microscope, il faut distinguer : 1° le champ *de pleine lumière*, comprenant les points dont les cônes réfractés sont coupés *entièrement* par l'oculaire; 2° le champ *extrême*, comprenant tous les points dont les cônes réfractés contiennent au moins un rayon rencontrant l'oculaire.

1° *Oculaire positif*. — Le champ de pleine lumière s'obtient de la manière suivante. On mène le cône formé par les génératrices communes intérieures à l'objectif et à la première lentille de l'oculaire : il est coupé par le plan focal suivant un cercle qui contient l'image réelle de tous les points du champ de pleine lumière. La seconde nappe du cône ayant ce cercle pour base et pour sommet le centre optique de l'objectif limite ce champ.

Le champ extrême s'obtient d'une manière analogue au moyen du cône formé par les tangentes communes extérieures.

2° *Oculaire négatif.* — Le cône tangent extérieurement sert à construire le champ de pleine lumière, et celui qui est tangent intérieurement donne le champ extrême.

149. Diaphragme. — On place ordinairement dans le plan focal un diaphragme dont l'ouverture correspond à la section du champ de pleine lumière, et qui supprime les points moins éclairés formant la partie périphérique du champ extrême.

En appelant R et r les rayons de l'objectif et de l'oculaire, celui du diaphragme est

$$\frac{Fr - fR}{F + f}.$$

150. Réticule. — Lorsqu'on veut faire des visées, on ajoute un réticule, formé ordinairement de deux fils fins tendus en croix sur le diaphragme. Si l'image d'un point se forme au croisement des fils du réticule, ce point est sur la droite (*axe optique*) qui joint ce point de croisement au centre optique de l'objectif. Viser un point, c'est l'amener sur l'axe optique. Il est nécessaire d'employer dans ce cas un oculaire positif, pour que le réticule soit fixe, et qu'on puisse le mettre au point.

151. Clarté. — Rapport des éclairements de l'image rétinienne quand on regarde l'objet à travers la lunette ou à l'œil nu.

Soient R, a et ϖ les rayons de l'objectif, de l'anneau oculaire et de la pupille.

I. — $\varpi > a$. 1° *Objet n'ayant pas de diamètre apparent sen-*

sible. — L'image rétinienne est sensiblement de même grandeur avec la lunette et à l'œil nu. La clarté est donc le rapport des quantités de lumière reçues par l'objectif de la lunette et par la pupille de l'œil nu : c'est donc

$$\frac{R^2}{\varpi^2} = G^2 . \frac{a^2}{\varpi^2}.$$

2° *L'objet a un diamètre apparent sensible.* — Si $G = 1$, les deux images rétiniennes seraient égales ; la clarté serait donc la même ; pour un grossissement G, l'image rétinienne est G^2 fois plus grande et G^2 fois moins éclairée : c'est donc

$$\frac{a^2}{\varpi^2}.$$

II. — $\varpi < a$. La quantité de lumière reçue par l'œil avec la lunette doit être multipliée par $\frac{\varpi^2}{a^2}$. C'est donc 1 si l'objet a un diamètre apparent sensible, et G^2 s'il n'a pas de diamètre apparent.

L'anneau oculaire doit avoir à peu près le même diamètre que la pupille.

152. Achromatisme. — L'oculaire peut, comme dans le microscope, corriger un léger défaut d'achromatisme de l'objectif. Il est cependant préférable que l'objectif soit bien achromatique ; sans cela, à cause de sa grande distance focale, on n'arriverait pas à mettre au point à la fois les images de couleurs différentes.

153. Pouvoir optique. — C'est l'inverse du plus petit diamètre apparent sous lequel une droite puisse être vue à l'œil nu pour que la lunette permette de distinguer ses extrémités. On le mesure avec des feuilles de carton portant des traits blancs et noirs égaux ; on prend des traits de plus en plus fins, jusqu'à ce que la feuille paraisse uniformément grise dans la lunette.

154. Lunette terrestre. — Diffère de la précédente, en ce qu'elle redresse les images, au moyen d'une ou de deux lentilles placées entre l'objectif et l'oculaire.

1º Avec une seule lentille : si l'image réelle A_1B_1, donnée par l'objectif, est au double de la distance focale, on a une image réelle, redressée et égale, à la même distance. 2º Même résultat avec deux lentilles de même foyer, placées au foyer l'une de l'autre, A_1B_1 étant en outre au foyer de la première. Dans ce cas, la distance nécessaire, de A_1B_1 à l'image redressée, est $3f$, tandis que dans le premier cas elle est $4f$.

Avec les deux dispositions, on peut utiliser le système redresseur (*véhicule*) pour augmenter un peu le grossissement : il suffit de le rapprocher de A_1B_1.

Cette lunette a l'inconvénient de diminuer la clarté et d'augmenter les aberrations ; elle n'est jamais employée pour les visées ; elle n'a donc pas de réticule et reçoit toujours un oculaire négatif. Le réticule et l'oculaire, formant *l'oculaire terrestre*, sont montés aux deux bouts d'un même tube.

155. Lunette de Galilée. — Se compose d'une lentille objective convergente C et d'une lentille oculaire *divergente* C'. L'objectif donnerait d'un objet AB supposé en dehors du dessin (*fig.* 16) une image réelle et renversée A_1B_1 ; mais

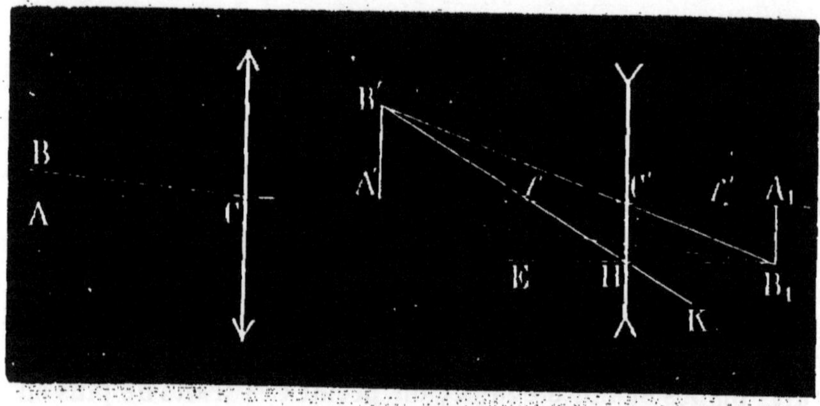

Fig. 16.

les rayons sont arrêtés par l'oculaire C' avant d'arriver au plan focal. On peut regarder A_1B_1 comme un objet virtuel, et la lentille C' en donne une image virtuelle et redressée (A_1B_1 est au delà du foyer principal f' de C').

L'objectif et l'oculaire sont portés par deux tubes distincts. La mise au point se fait en enfonçant le second dans le premier. La lorgnette de théâtre se compose de deux lunettes de Galilée, qu'on met au point simultanément en tournant un écrou qui commande les deux oculaires.

156. Grossissement. — On a

$$G = \frac{A'B'}{AB}\frac{d}{D} = \frac{A'B'}{A_1 B_1}\frac{F}{D} = \frac{D-c}{p}\frac{F}{D},$$

et

$$-\frac{1}{p} - \frac{1}{D-c} = -\frac{1}{f},$$

D'où

$$G = \frac{F}{f}\left(1 - \frac{f+c}{D}\right).$$

Cette valeur se réduit à

$$G = \frac{F}{f},$$

lorsque $D = \infty$ (œil emmétrope sans accommodation).

157. Disque oculaire; achromatisme, etc. — L'anneau oculaire est virtuel; on ne peut donc pas s'en servir pour la mesure du grossissement. L'oculaire divergent ne corrige pas l'aberration de réfrangibilité de l'objectif, qui doit être parfaitement achromatique; aussi les deux lentilles sont souvent composées chacune de trois verres.

L'image réelle $A_1 B_1$ étant interceptée par l'oculaire, la lunette de Galilée ne peut pas recevoir de réticule; elle ne peut donc pas servir pour les visées. Elle a l'avantage d'être plus courte que la lunette terrestre (sa longueur est sensiblement $F - f$) et par suite beaucoup plus légère; mais elle lui est inférieure sous le rapport du champ et exige des lentilles beaucoup mieux travaillées.

158. Télescopes de Newton et de Foucault. — Le télescope sert uniquement pour les observations astronomiques. Imaginé par Herschell, il se composait primitivement d'un miroir concave, donnant à son foyer une image réelle et renversée A_1B_1 de l'objet AB, supposé très éloigné (*fig.* 17); l'observateur, armé d'une loupe, se plaçait devant le tube au fond duquel était fixé le miroir, pour regarder cette image.

Newton a ajouté un petit miroir plan MM', qui remplace A_1B_1 (agissant comme un objet virtuel) par l'image réelle et symétrique A_2B_2. Celle-ci est regardée avec une loupe C', ou plutôt avec un petit microscope placé latéralement, qui en donne une image virtuelle A'B'. Cette image est renversée.

La mise au point se fait en tirant l'oculaire. Le miroir concave a l'avantage de ne pas donner d'irisations. Le petit

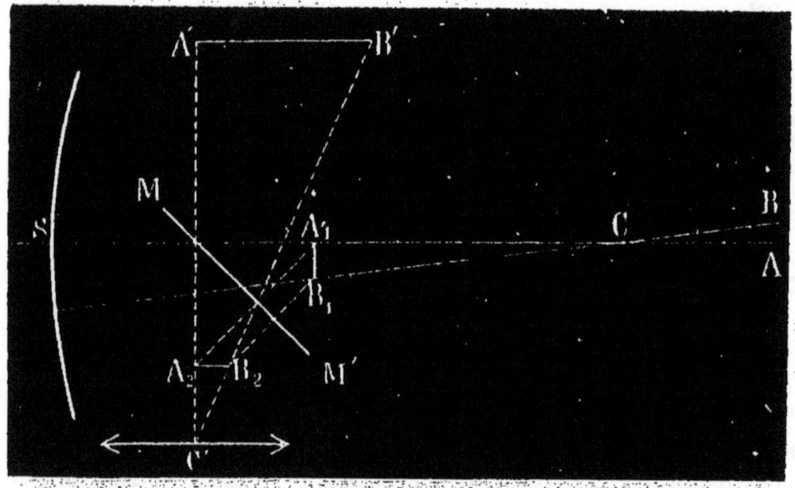

Fig. 17.

miroir MM' est remplacé d'ordinaire par un prisme à réflexion totale, qui donne plus de lumière et est inaltérable.

Le grossissement est encore sensiblement $\frac{F}{f}$. Disque oculaire, champ et clarté (comme pour la lunette astronomique). Pour le champ, il faut seulement remplacer la première lentille de l'oculaire par son image par rapport au miroir MM', supposé enlevé. Pour la clarté, il faut multiplier par le pouvoir réflecteur du miroir concave; elle est donc toujours plus faible qu'avec la lunette, si le miroir est en bronze, et à peu près égale, s'il est recouvert d'argent, dont le pouvoir est voisin de l'unité.

Foucault a remplacé le miroir de bronze par un miroir de verre argenté à sa surface, qui a l'avantage d'être plus léger, d'augmenter la clarté et de supprimer à peu près l'aberration de sphéricité, car on lui donne une forme parabolique. On emploie généralement un oculaire formé de quatre verres, intermédiaire entre un microscope et un oculaire terrestre.

159. Télescopes de Grégory et de Cassegrain. — Dans ces deux appareils, l'oculaire est fixé dans une petite ouverture pratiquée au sommet S du miroir objectif. Dans le premier, un petit miroir concave est placé derrière l'image A_1B_1 et en donne une image réelle située devant l'oculaire, un peu en deçà de son foyer. Dans l'appareil de Cassegrain, le même effet est obtenu au moyen d'un petit miroir convexe, placé devant A_1B_1, qui doit se trouver entre ce miroir et son foyer.

160. Mise au point des instruments d'optique. — Il suffit d'un léger déplacement de l'objet pour que l'image cesse d'être visible. Ainsi dans la loupe, pour l'œil normal, l'objet doit être compris entre le foyer et la distance δ, donnée par

$$\frac{1}{\delta} - \frac{1}{d} = \frac{1}{f}$$

(d distance minimum de vision distincte). Le déplacement possible est donc

$$f - \delta = \frac{f^2}{f+d}.$$

Supposons $d = 20$ cm.; pour $f = 2$ cm., ce déplacement est de 1,66 mm., et, pour $f = 1$, de 0,47 mm.

Si on suppose que cette loupe soit l'oculaire d'un microscope, le déplacement que nous venons de calculer est celui que peut recevoir l'image réelle. On calculera de même celui de l'objet, qui est beaucoup plus petit.

CHAPITRE IX.

MESURE DES INDICES DE RÉFRACTION.

161. Indices des solides et des liquides. — Nous avons donné plus haut (§ 42) la définition de l'indice de réfraction. Nous indiquerons d'abord les méthodes employées pour les solides et les liquides.

162. Méthode du minimum de déviation; goniomètre de Babinet. — C'est la méthode la plus employée. Les équations (2) (§ 56) donnent

$$n = \frac{\sin \dfrac{A+d}{2}}{\sin \dfrac{A}{2}}$$

Il suffit donc de mesurer A et d.

On se sert ordinairement du goniomètre de Babinet : un cercle horizontal gradué porte au centre une plate-forme formée d'un miroir plan, qui peut tourner autour d'un axe vertical passant par le centre, et dont la rotation est mesurée par un index. Un collimateur est fixé suivant un rayon du cercle, et une lunette astronomique, munie d'un vernier et disposée aussi suivant un rayon, peut tourner autour de la plate-forme centrale. Supposons l'appareil réglé et l'arête du prisme bien parallèle à l'axe de rotation.

1º *Mesure de* A. — On dirige sur l'angle du prisme le faisceau lumineux émis par le collimateur, et l'on déplace la lunette, en passant derrière le prisme, de façon à viser successivement les images de la fente données par les deux faces; on a tourné de RAR' ou 2A (*fig*. 18). En effet,

$$\widehat{BAR} = \widehat{B'AS} \quad \text{et} \quad \widehat{CAR'} = \widehat{C'AS},$$

comme compléments des angles d'incidence et de réflexion. Donc

$$\widehat{RAR'} = \widehat{BAC} + \widehat{B'AC'} = 2A.$$

5.

On peut aussi mesurer A comme on le fait avec le goniomètre de Wollaston (§ 24).

2° *Mesure de la déviation minimum.* — On tourne le prisme de manière à produire la déviation minimum d'abord à droite, puis à gauche. L'angle dont on tourne la lunette pour recevoir successivement les deux faisceaux réfractés est égal à 2*d*.

Il n'est pas nécessaire que les axes du collimateur et de la lunette soient exactement dirigés suivant deux rayons du cercle; mais il est indispensable que l'appareil satisfasse aux conditions suivantes, qu'on obtient à l'aide du réglage que nous allons indiquer.

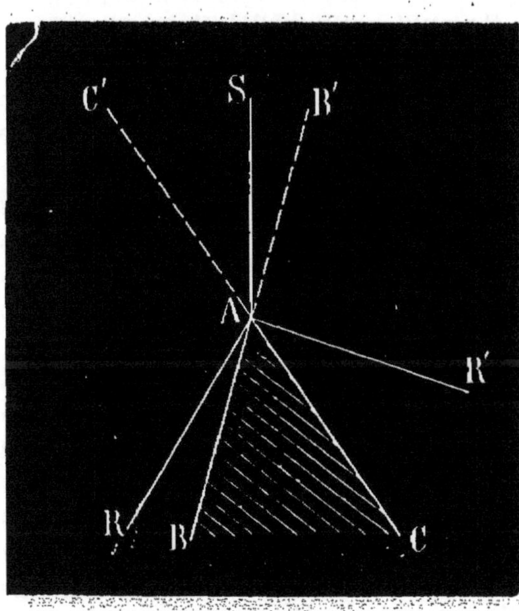

Fig. 18.

163. Réglage du goniomètre de Babinet. — 1° *Amener le réticule de la lunette dans le plan focal de l'objectif.* — On met sur la plate-forme une lame de verre V à faces parallèles, à peu près perpendiculaire à l'axe de la lunette, et l'on munit celle-ci d'un oculaire spécial, contenant un miroir incliné à 45° et percé d'un trou central (*oculaire éclairant*). A l'aide de ce miroir et d'une source de lumière placée latéralement, on éclaire le réticule. Si les fils sont dans le plan focal, les rayons réfléchis par la lame V viennent former une image dans ce même plan; le réticule et cette image sont au point simultanément.

2° *Rendre parallèles l'axe optique et l'axe géométrique.* — On fait tourner la lunette de 180° autour de son axe géométrique; la distance du centre du réticule (point de croisement des fils) à son image doit rester constante, ce qui indique que l'axe optique fait le même angle avec la normale à la lame V, et par suite qu'il est parallèle à l'axe géométrique.

3° *Rendre l'axe géométrique perpendiculaire à l'axe de rotation.* — On rend d'abord la lame V parallèle à l'axe de rotation : pour cela, on tourne la plate-forme de 180°; la distance du centre du réticule à son image ne doit pas changer, ce qui indique que la normale à V fait dans les deux cas le même angle avec l'axe optique de la lunette. Ensuite on rend cet axe optique perpendiculaire à l'axe de rotation, en agissant sur la vis qui commande la lunette, jusqu'à ce que le centre du réticule et son image coïncident.

4° *Réglage du collimateur.* — On remplace l'oculaire éclairant par l'oculaire ordinaire. On amène d'abord la fente du collimateur à son foyer principal (elle doit être vue nettement en même temps que le réticule de la lunette). On la rend ensuite parallèle à l'axe de rotation; pour cela, on la fait tourner jusqu'à ce que l'un des fils du réticule coïncide successivement avec l'image de cette fente, vue d'abord directement par réfraction, puis par réflexion sur la lame V.

5° *Réglage du prisme.* — On enlève la lame V, on fixe le prisme sur la plate-forme et on rend son arête bien parallèle à l'axe de rotation; pour cela, il faut que les images de la fente, vues successivement par réflexion sur les deux faces de l'angle A, viennent coïncider successivement avec un même fil du réticule.

164. Méthode de Descartes. — On reçoit un faisceau parallèle perpendiculairement à l'une des faces de l'angle A (*fig.* 19). Pour le rayon oo' par exemple, on a, à la sortie,

$$r' = A,$$
$$i' = A + D.$$

Donc

$$n = \frac{\sin(A + D)}{\sin A}.$$

On mesure A par l'une des méthodes indiquées et D par sa tangente $\dfrac{IH}{RH}$.

165. Indices des liquides. — Les deux méthodes pré-

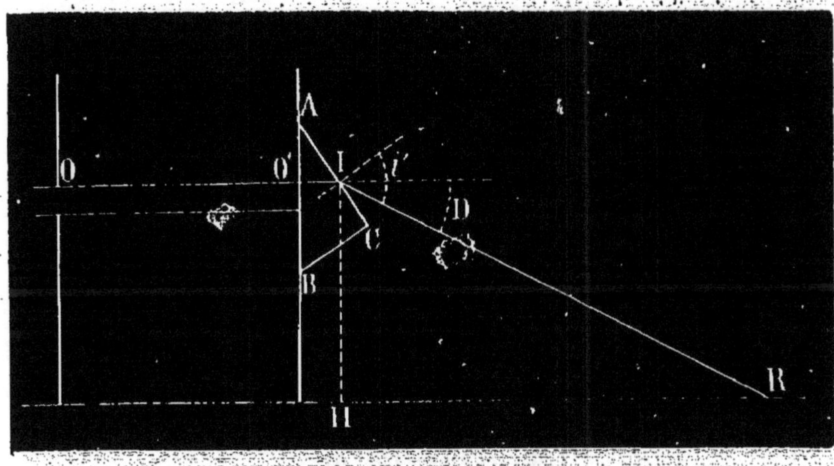

Fig. 19.

cédentes s'appliquent aux liquides, qu'on met dans un prisme formé de lames de verre à faces bien parallèles.

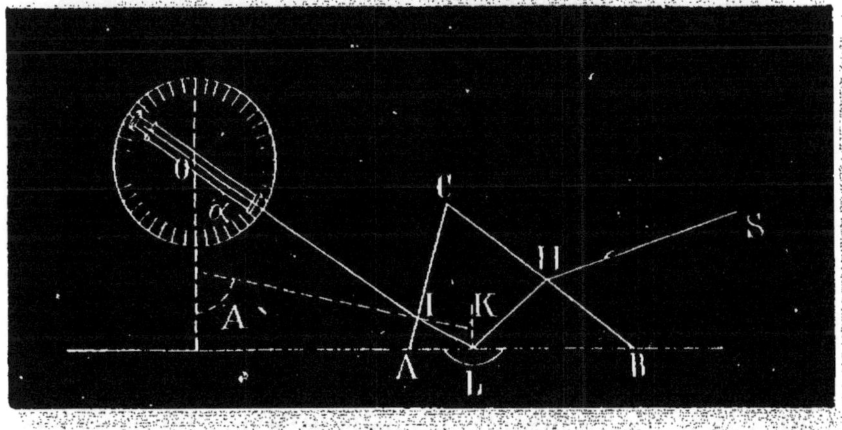

Fig. 20.

166. Méthode de la réflexion totale. — Sert pour les liquides peu transparents ou dont on ne possède qu'une petite quantité. On en met une goutte en L (*fig.* 20) sous un prisme d'indice n; soit x celui du liquide. On incline la lunette jusqu'à ce que la surface de la goutte L commence à paraître brillante (réflexion totale) ; soit $\alpha = \widehat{IOA}$. Au point I, l'angle extérieur est A — α; appelons r l'angle intérieur :

$$\sin (A - \alpha) = n \sin r.$$

En L, si λ est l'angle limite,

$$x = n \sin \lambda.$$

Dans le triangle IKL,

$$\lambda = A - r.$$

Éliminons r et λ

$$x = \sin A \sqrt{n^2 - \sin^2 (A - \alpha)} - \cos A \sin (A - \alpha).$$

Appareil de Wollaston. — On prend A $= 90°$. D'où

$$x = \sqrt{n^2 - \cos^2 \alpha}.$$

La lunette est portée par une série de tiges articulées en E, F, H; le point D est fixe (*fig.* 21). On fait glisser le

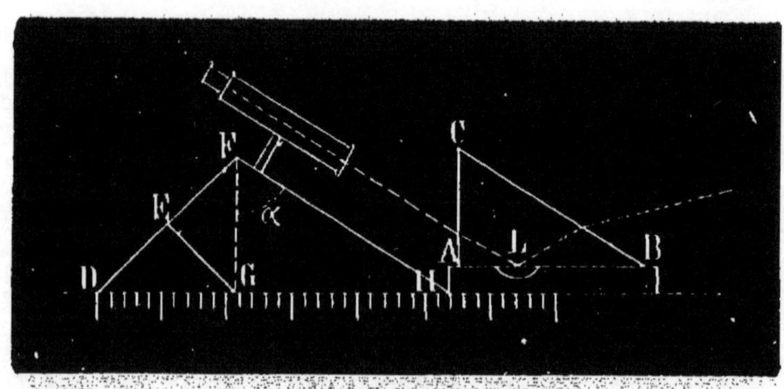

Fig. 21.

tout vers la droite jusqu'à ce que la réflexion totale se produise. On a

$$DF = n.FH,$$
$$DE = EF = EG.$$

D'où

$$DG = \sqrt{\overline{DF^2} - \overline{FG^2}},$$
$$\frac{DG}{FH} = \sqrt{n^2 - \cos^2 \alpha} = \omega.$$

Si on ne connaît pas n, on le détermine en opérant avec de l'air en L. On a

$$1 = \sqrt{n^2 - \cos^2 \beta}.$$

Il faut que $\omega < n$.

Cette méthode peut s'appliquer aux solides moins réfringents que le verre. On en prend une petite lame et l'on chasse l'air interposé avec une très petite épaisseur d'un liquide plus réfringent que les deux solides, afin qu'il ne produise pas la réflexion totale.

167. Emploi du microscope. — 1° *Méthode du duc de Chaulnes.* — Cette méthode s'applique aux lames solides à faces parallèles. On prend un microscope dans lequel le déplacement du corps puisse être mesuré par une vis micrométrique, et l'on vise un trait délié tracé sur une plaque de verre. On interpose une lame L d'épaisseur e de la substance étudiée : tout se passe comme si l'objet était rapproché (§ 52) de

$$d = e\left(1 - \frac{1}{n}\right).$$

Pour remettre au point, il faut éloigner le corps de l'appareil de d.

On mesure e au sphéromètre ou bien en visant successivement le même trait délié et un autre trait ou des poussières sur la face supérieure de la lame L; le déplacement du microscope est égal à e. D'où

$$n = \frac{e}{e - d}.$$

2° *Méthode de Bertin.* — Elle dispense de la vis micrométrique. A l'aide d'un micromètre placé sur la platine, on mesure le grossissement de l'objectif (*qui reste immobile*), en tirant l'oculaire seul, dans les trois cas suivants :

1° Avec le micromètre seul, soit g ;

2° Le micromètre posé sur la lame L, soit g' ;

3° Le micromètre placé sous la lame L, soit g''.

L'objectif restant immobile, on a dans ces trois cas

$$\frac{1}{p} + \frac{1}{gp} = \frac{1}{f},$$

$$\frac{1}{p-e} + \frac{1}{g'(p-e)} = \frac{1}{f},$$

$$\frac{1}{p-d} + \frac{1}{g''(p-d)} = \frac{1}{f}.$$

En éliminant p et f, il vient

$$n = \frac{e}{e-d} = \frac{\frac{1}{g} - \frac{1}{g'}}{\frac{1}{g''} - \frac{1}{g'}}.$$

3° *Méthode de Brewster*. — Sert pour les liquides. Elle exige un microscope avec vis micrométrique, et dont la première lentille objective soit convexe vers l'extérieur. On applique contre cette lentille une lame de verre bien plane et transparente, et l'on vise un trait fin, situé à une distance d. Entre la lame de verre et l'objectif on interpose une goutte du liquide, qui forme un ménisque divergent ; il faut, pour remettre au point, éloigner l'objectif à la distance d' :

$$\frac{1}{d'} - \frac{1}{d} = -\frac{n-1}{R}$$

(R rayon de courbure de la face antérieure de l'objectif compté en valeur absolue).

Pour éviter de mesurer R, on tare avec un liquide d'indice connu. On peut aussi se servir du grossissement, comme dans la méthode de Bertin.

168. Indices des gaz. — *Biot* et *Arago* emploient la méthode de la déviation minimum ou maximum. Le prisme est un tube de verre taillé en biseau et fermé par deux lames bien planes; la pression est mesurée par un baromètre à siphon. L'angle du prisme est mesuré par la méthode du théodolite. On mesure le double de la déviation avec un cercle répétiteur.

On fait d'abord un vide aussi complet que possible; la déviation (négative) donne l'inverse $\frac{1}{n}$ de l'indice absolu de l'air. Puis on le remplit d'un autre gaz dont on a l'indice relatif n'. On tire son indice absolu

$$N = nn'.$$

Ils ont trouvé que $N^2 - 1$ (*puissance réfractive*) est proportionnelle à la densité absolue D ou que $\frac{N^2 - 1}{D}$ (*pouvoir réfringent*) est constant.

Loi approchée : $\frac{N - 1}{D}$ (*énergie réfractive*) est une constante ou

$$(1) \qquad \frac{(N - 1)(1 + \alpha t)}{H} = C^{te} \qquad \text{(loi de Gladstone)}.$$

Dulong s'appuie sur la constance de l'énergie réfractive. Il vise une mire éloignée à travers un prisme plein d'air sous la pression atmosphérique; puis il introduit un autre gaz plus réfringent, qu'il détend jusqu'à ce que la déviation reprenne la même valeur. L'indice du gaz détendu est alors égal à celui de l'air sous la pression atmosphérique, et l'on déduit de la formule (1) son indice dans des conditions quelconques. Pour les gaz moins réfringents, c'est l'air qu'on détend.

169. Indices des vapeurs. — M. Le Roux emploie la méthode de Biot et Arago. Le prisme est un tube de fer, fermé par deux glaces planes; il est entouré d'une boîte en fer plongée dans un bain de plomb fondu. Tout l'appareil tourne autour d'un axe vertical. La mire éloignée est remplacée par un collimateur. On vise avec une lunette fixe et l'on mesure la déviation en déplaçant le réticule par une vis micrométrique.

170. Résultats. — Les indices des solides et des liquides sont généralement compris entre 1 et 3.

Le soufre et l'oxygène, l'azote et le phosphore (mais non l'arsenic) ont même pouvoir réfringent. Les vapeurs de soufre et de phosphore ont une très grande dispersion. La vapeur d'iode réfracte plus le rouge que le violet (*dispersion anomale*); il en est de même pour quelques solides et liquides très colorés.

171. Lois relatives aux indices. — Newton avait admis $\dfrac{N^2-1}{D} = C^{te}$ pour une même substance sous tous les états physiques. Petit et Arago ont infirmé cette loi.

La loi de Gladstone est vraie pour les gaz (Biot et Arago, Mascart), lorsqu'on fait varier H seulement, mais non lorsqu'on fait varier t. Elle est vraie pour l'eau (Jamin) et pour plusieurs autres liquides (Quincke), lorsqu'on fait varier la densité par compression; mais leur énergie réfractive diminue lorsque t augmente. Pour les solides, cette énergie augmente avec la température.

L'énergie réfractive d'un mélange peut se calculer par une règle de proportions : il en est ainsi pour un mélange gazeux (Dulong), un mélange de deux liquides ou une dissolution d'un liquide (MM. Damien, Landolt, Wullner), un mélange de deux sels isomorphes (M. Dufet).

PESANTEUR

CHAPITRE I.

INSTRUMENTS DE MESURE.

172. Système d'unités absolues C. G. S. — Mesurer une grandeur, c'est chercher combien de fois elle contient une autre grandeur de même espèce, prise pour unité. Il est avantageux (mais non indispensable) d'employer un système d'unités unies par des relations telles que les coefficients se réduisent à 1 dans les principales formules servant aux mesures (*système de mesures absolues*). Dans un tel système, on choisit arbitrairement certaines unités (*unités fondamentales*), en nombre aussi petit que possible, et l'on en déduit les autres (*unités dérivées*) au moyen des formules les plus simples.

Le système actuellement employé en physique possède trois unités fondamentales : on a choisi les unités de longueur, de masse et de temps, parce que ce sont les trois sortes de mesures qui se présentent le plus souvent en physique.

L'unité de longueur est le *centimètre*, ou la centième partie de la longueur à 0° de l'étalon en platine du mètre, conservé aux Archives de Paris.

L'unité de masse est la masse du *gramme*, c'est-à-dire la millième partie de la masse de l'étalon en platine du kilogramme, conservé aux Archives de Paris.

L'unité de temps est la *seconde*, c'est-à-dire $\dfrac{1}{24 \times 60^2}$ du jour solaire moyen. Le choix de ces trois unités a fait donner à ce système le nom de système C. G. S.

De ces trois unités fondamentales on a déduit les unités dérivées ; voici celles dont nous pouvons avoir besoin dans l'étude de la pesanteur :

Unité de vitesse. — Vitesse d'un mobile, animé d'un mouvement uniforme, qui parcourt un centimètre par seconde.

Unité d'accélération. — Accélération d'un mobile animé d'un mouvement uniformément accéléré, dans lequel la vitesse augmente de 1 centimètre par seconde.

Unité de force ou dyne. — Force constante capable d'imprimer l'unité d'accélération à un mobile ayant l'unité de masse.

Unité de travail ou erg. — Travail produit par l'unité de force déplaçant son point d'application d'un centimètre dans sa propre direction.

Unité de puissance. — Puissance d'un moteur qui produit un erg en une seconde.

Mesure des longueurs.

173. Instruments de mesure; mètre. — Les temps se mesurent à l'aide de chronomètres, les masses avec la balance. Nous n'avons à traiter ici que les mesures de longueur.

Le mètre étalon des Archives est un mètre *à bouts*. La Commission internationale a adopté le mètre *à traits*, forme spéciale très rigide.

174. Vernier. — Sert à mesurer les petites longueurs. Pour avoir un vernier au n^{me}, on divise en n parties égales une longueur égale à $n - 1$ divisions de la règle.

1° La division d'ordre h du vernier coïncide avec une division de la règle. La fraction cherchée est $\dfrac{h}{n}$.

2° Les divisions h et $h + 1$ du vernier sont comprises entre deux divisions consécutives de la règle. La fraction cherchée est comprise entre $\dfrac{h}{n}$ et $\dfrac{h + 1}{n}$.

Applications. — Vernier de vernier. Pied à becs. Coin micrométrique. Verniers circulaires.

Les verniers rectilignes ne peuvent dépasser le $\frac{1}{50}$ millim., et les verniers circulaires les 5″.

175. Niveau d'eau. — Sert à mesurer la distance verticale de deux points A et B. Il est formé d'un tube métallique horizontal portant aux deux extrémités des tubes de verre verticaux : on remplit d'eau colorée jusqu'au milieu des tubes. Les deux petites surfaces libres déterminent une ligne de visée horizontale (principe des vases communiquants). L'instrument est placé entre A et B; une mire, mobile sur une règle verticale graduée, est disposée successivement en ces deux points, et l'on amène son centre sur la ligne de visée. La différence des deux hauteurs de la mire est la distance verticale cherchée.

On peut opérer à une plus grande distance et avec plus de précision au moyen d'une petite lunette munie d'un niveau à bulle d'air, qui permet de la rendre mobile dans un plan horizontal.

176. Niveau à bulle d'air. — Sert à régler l'horizontalité d'une droite ou d'un plan. Se compose d'un tube légèrement courbé et incomplètement rempli d'alcool ou d'éther : la bulle d'air qui achève de le remplir s'arrête toujours au point le plus haut. Ce tube, enfermé dans une gaine de laiton, qui laisse voir la partie supérieure, est fixé sur une règle plate de même métal, avec laquelle il peut faire un angle variable : pour cela, l'une de ses extrémités est munie d'une charnière, et l'autre peut s'élever ou s'abaisser à l'aide d'une vis.

En plaçant le niveau sur une planchette qu'on peut élever de quantités connues au moyen d'une vis micrométrique, on peut vérifier sa sphéricité et tracer, de part et d'autre des repères qui limitent la position moyenne de la bulle, des divisions correspondant à des inclinaisons égales.

Quand le niveau n'est pas réglé et qu'on le place sur une droite horizontale, la bulle revient entre *les mêmes* divisions, lorsqu'on retourne l'appareil bout pour bout. S'il est réglé, la bulle se place entre les repères.

Pour régler l'horizontalité d'un plan, on rend horizontales deux droites de ce plan, qu'on choisit, pour plus de précision, à peu près perpendiculaires entre elles.

177. Cathétomètre. — Sert à mesurer la distance verticale de deux points. Il se compose essentiellement d'une petite lunette astronomique horizontale, qui peut glisser le long d'un axe vertical, gradué en millimètres, ou tourner autour de lui, de façon que son axe optique décrive un plan horizontal. On vise successivement les deux points avec la lunette : le déplacement du chariot qui la porte donne la distance cherchée. Ce chariot est formé de deux pièces : celle du bas se fixe par une vis de serrage; celle du haut est reliée à la première par une vis de rappel : elle porte la lunette et le vernier. La lunette est mobile sur ses colliers autour de l'axe géométrique; elle peut aussi tourner, au moyen d'une vis V, autour d'un axe perpendiculaire au plan vertical qui la contient. Cette lunette porte un niveau à bulle d'air qui lui est parallèle.

178. Réglage du cathétomètre. — Pour que les mesures soient exactes, il faut que l'appareil soit parfaitement réglé.

1° *Rendre l'axe optique parallèle à l'axe géométrique.* — Ces axes se coupent généralement au centre optique de l'objectif. Il suffit donc d'amener le centre (point de croisement) du réticule sur l'axe géométrique. On vise un point et l'on tourne la lunette de 180° autour de l'axe géométrique : si le centre du réticule ne coïncide plus avec l'image du point, on le ramène de la moitié de son déplacement.

2° *Rendre la ligne des repères du niveau parallèle à l'axe de la lunette.* — On amène la bulle du niveau entre ses repères, soit à l'aide de la vis V, soit au moyen des vis calantes du pied, et l'on retourne la lunette bout pour bout. Si la bulle s'est déplacée, on la ramène de la moitié du déplacement à l'aide de la vis du niveau. On peut intervertir les deux opérations précédentes.

3° *Rendre la ligne des repères perpendiculaire à l'axe de rotation.* — On amène encore de même la bulle entre les repères, et l'on tourne la lunette de 180° autour de l'axe de rotation. Si la bulle n'est plus au zéro, on la ramène de la moitié de son déplacement à l'aide de la vis V.

4° *Rendre l'axe de rotation vertical.* — On tourne la lunette jusqu'à ce qu'elle soit à peu près parallèle à la ligne qui joint deux des vis calantes du pied, A et B par exemple, et, en agissant sur ces vis, on amène la bulle du niveau entre ses repères. On tourne ensuite l'axe de 90°, et l'on agit sur la troisième vis C de façon à ramener encore la bulle au zéro. Ce dernier réglage doit être répété chaque fois qu'on déplace l'appareil.

179. Emploi d'une règle graduée et de deux microscopes à micromètres. — Pour éviter les erreurs résultant du défaut de réglage du cathétomètre ou de la courbure que peut présenter son axe de rotation, on se sert souvent (lecture du baromètre) de deux microscopes portés par une tige rigide en fer, avec lesquels on vise successivement les deux extrémités de la longueur, puis une règle graduée. Comme on ne voit pas le plus souvent deux traits de la règle prendre exactement la place des extrémités de la longueur, les microscopes sont munis d'oculaires à micromètres (§ 184).

180. Comparateur. — Sert à comparer deux longueurs à peu près égales. Au Bureau international des Poids et Mesures, on emploie deux microscopes verticaux solidement fixés à la distance voulue. Les longueurs à comparer, enfermées dans des caisses à double paroi, qu'un courant d'eau maintient à une température bien constante, sont amenées successivement, au moyen de rails, au-dessous des microscopes; ceux-ci sont munis d'oculaires à micromètres, à l'aide desquels on vise les extrémités des deux règles, et l'on compare leurs longueurs.

181. Instruments composés d'une vis micrométrique. — La vis est engendrée par un profil plan, qui se déplace sur la surface d'un cylindre de telle sorte que : 1° l'un de ses points décrive une hélice tracée sur le cylindre; 2° son plan passe constamment par l'axe du cylindre; 3° une droite tracée dans son plan coïncide toujours avec une génératrice du cylindre.

Le profil est généralement un carré, un rectangle ou un triangle équilatéral.

Le volume ainsi engendré est le filet de la vis. Le pas est celui de l'hélice directrice, c'est-à-dire la distance de deux spires consécutives, comptée sur une génératrice.

L'*écrou* présente en creux le relief de la vis.

Vis à *écrou fixe* : l'axe de la vis avance d'une longueur proportionnelle à la rotation et, pour un tour entier, d'une longueur égale au pas.

Vis à *écrou mobile* : la vis tourne sans avancer, et l'écrou est assujetti à avancer sans tourner : son déplacement est proportionnel à la rotation de la vis.

Vis micrométrique : le pas est très petit (1 ou $\frac{1}{2}$ millimètre) et très régulier. Une tête large et divisée permet de mesurer la rotation.

182. Sphéromètre. — Vis à écrou fixe. L'écrou est un support à trois pieds équidistants, dont l'un porte une règle graduée qui mesure les tours entiers. Le pas de la vis est ordinairement de $\frac{1}{2}$ millim. ; elle porte une large tête, divisée en 500 parties égales, qui mesure les fractions de tour en $\frac{1}{1000}$ de millim.

1° *Mesure de l'épaisseur d'une lame à faces parallèles.* — On amène la pointe de la vis à toucher la face supérieure de la lame, puis le plan de verre rodé qui supporte l'instrument (la lame étant enlevée) ; le déplacement de la pointe mesure l'épaisseur *e* de la lame :

$$e = \left(N \pm \frac{n}{d} \right) p,$$

N différence des lectures sur la règle graduée ;
n différence des divisions du limbe,
d nombre de ces divisions,
p pas de la vis.

Si la lame est molle, on la couvre d'une plaque de verre qu'on conserve pour la seconde lecture.

2° *Mesure du diamètre d'un fil.* — On recouvre plusieurs brins parallèles d'une plaque de verre, et on opère comme pour les lames molles.

3° *Mesure du rayon d'une sphère*. — On amène la vis et les trois pieds au contact de la surface sphérique, puis du plan de verre rodé : soit e son déplacement ; puis on mesure le rayon r du cercle circonscrit au triangle équilatéral déterminé par les trois pieds de l'écrou. Le rayon R de la sphère est donné par

$$r^2 = e(2R - e).$$

D'où

$$R = \frac{1}{2}\left(e + \frac{r^2}{e}\right).$$

183. Machine à diviser. — Sert à mesurer et à diviser une longueur. C'est une vis à écrou mobile. La vis a une large tête, divisée en 500 parties égales, et est mue par une manivelle. L'écrou est solidaire d'un chariot qui se déplace sur deux glissières en forme de rails et porte sur un de ses bords une division en millimètres, indiquant le nombre entier de tours.

1° *Mesure d'une longueur*. — L'objet à diviser est disposé sur le chariot. Un microscope vertical est fixé sur l'appareil, et l'on fait tourner la vis de façon à viser successivement avec ce microscope les deux extrémités de la longueur. On a, comme plus haut,

$$l = \left(N \pm \frac{n}{d}\right)p.$$

2° *Division d'une longueur en parties égales*. — Après l'avoir mesurée, on remplace le microscope par un tracelet ; on calcule la longueur de chacune des divisions, et, chaque fois qu'on a fait avancer le chariot de cette longueur, on marque un trait.

Un dispositif spécial arrête automatiquement l'appareil chaque fois qu'on a avancé de la longueur voulue ; un autre permet d'obtenir des traits de trois grandeurs différentes pour les unités, les multiples impairs de 5 et les multiples de 10.

184. Micromètre oculaire. — Microscope dans le plan focal duquel se déplace parallèlement à lui-même un réticule formé d'un fil ou de deux fils parallèles. Ce déplacement est commandé par une vis micrométrique, qui donne la fraction de tour ; le nombre entier de tours est donné par une lame taillée en dents de scie et placée dans le champ. On tare en visant deux traits distants d'un millimètre.

CHAPITRE II.

PESANTEUR. BALANCE.

Direction de la pesanteur. Centre de gravité.

185. Définitions. — On nomme *pesanteur* la force, quelle qu'elle soit, qui sollicite les corps à tomber vers la terre. Tous les corps sont *pesants*, c'est-à-dire soumis à l'action de la pesanteur.

186. Direction de la pesanteur. — Elle est donnée par le fil à plomb ; elle est *verticale*, c'est-à-dire perpendiculaire au plan *horizontal*, déterminé par la surface d'un liquide en équilibre (bain de mercure) ; elle passe donc par le centre de la terre, considérée comme sphérique.

Deux fils à plomb situés en des points voisins peuvent être regardés comme parallèles ; leur angle est seulement de 1″ pour 31 mètres.

Déviation du fil à plomb dans le voisinage d'une montagne.

187. Poids et centre de gravité. — Toutes les molécules d'un corps sont pesantes. L'action de la terre se compose donc d'autant de forces qu'il y a de molécules. Ces forces, passant par le centre de la terre, peuvent être regardées comme parallèles, et ont une résultante égale à leur somme et passant aussi par le centre de la terre : c'est le *poids* du corps. Le point d'application de cette résultante est le *centre de gravité*. Ce point (centre de forces parallèles) est invariable, quelle que soit la position du corps ; il peut se trouver

6.

en dehors de celui-ci (anneau), auquel on le suppose toujours invariablement lié.

188. Équilibre d'un corps posé sur un plan horizontal. — 1° *Corps reposant par un point :* le centre de gravité doit être sur la verticale du point d'appui. L'équilibre est *stable* si ce point est le plus bas possible, *instable* dans le cas contraire, *indifférent* lorsqu'il est à une distance constante du plan horizontal.

2° *Corps reposant par plusieurs points :* la verticale menée par le centre de gravité doit tomber à l'intérieur du polygone de sustentation. S'il n'y a que deux points d'appui, le polygone se réduit à une droite.

189. Équilibre d'un corps mobile autour d'un axe horizontal. — La verticale menée par le centre de gravité doit rencontrer l'axe. L'équilibre est stable si le centre de gravité est au-dessous de l'axe, instable s'il est au-dessus, indifférent s'il est placé sur l'axe lui-même.

190. Détermination du centre de gravité. — I. *Corps homogène.* — S'il y a un centre de symétrie, il coïncide avec le centre de gravité. Si le corps possède seulement un axe ou un plan de symétrie, le centre de gravité est sur cet axe ou dans ce plan.

II. *Corps hétérogène.* — On peut souvent le décomposer en parties homogènes, dont on obtient les centres de gravité partiels par la géométrie. En composant ensuite les poids partiels, on obtient le centre de gravité du corps entier.

III. *Détermination expérimentale.* — Quand ces procédés ne suffisent pas, on a recours à l'expérience.

1° On suspend le corps par un fil, attaché successivement en deux points différents, et l'on trace sur sa surface les deux prolongements du fil, qui se coupent au centre de gravité.

2° On place le corps en équilibre sur un couteau renversé (prisme triangulaire tournant une arête vers le haut). Le plan vertical passant par l'arête du couteau contient le centre de gravité. On fait trois opérations semblables, à moins qu'on n'ait déjà certaines notions sur la position du point cherché.

3° On place le corps sur deux planchettes A et B, à charnière, de façon qu'il repose presque entièrement sur A, et qu'une de ses arêtes soit placée sur B, parallèlement à la charnière. On soulève A jusqu'à ce que le corps soit sur le point de basculer. Le centre de gravité est alors dans le plan passant par la charnière. On fait trois opérations semblables, et l'on a trois plans qui se coupent au centre de gravité.

Mesure des poids et des masses. Balance.

191. Poids et masse. — Le poids d'un corps est la résultante des actions de la pesanteur sur toutes les molécules de ce corps. Puisque c'est une force, on peut le mesurer avec un dynamomètre; mais ces appareils manquent toujours de sensibilité ou ne restent pas comparables à eux-mêmes. Comme, d'un autre côté, on démontre en mécanique que le poids p est donné par

$$p = mg$$

(m masse du corps, g intensité de la pesanteur), il est préférable de déterminer séparément m et g, au moyen de la balance et du pendule; m étant exprimée en grammes, et g en centimètres, p se trouve indiqué en dynes. La connaissance de p en dynes n'est utile que dans les recherches scientifiques; dans la plupart des cas, et notamment dans les transactions commerciales, il suffit de connaître la masse m en grammes.

192. Mesure des masses. — On se sert d'une boîte de poids, contenant un certain nombre de morceaux de platine ou de laiton dont les masses sont des multiples ou sous-multiples de celle du gramme. On détermine, au moyen de la balance, le nombre de ces *poids marqués* qu'il faut prendre pour avoir une masse égale à celle du corps.

193. Principe de la balance. — Se compose essentiellement d'une tige rigide (*fléau*), mobile autour d'un axe horizontal et portant des plateaux aux deux extrémités. Une aiguille fixée au fléau se meut devant un petit arc divisé; on dit que la balance est en équilibre lorsque cette aiguille s'arrête au zéro.

194. Méthode ordinaire de pesée. — On met dans un plateau le corps et dans l'autre des poids marqués jusqu'à ce qu'il y ait équilibre. On admet que la somme des poids marqués représente la masse du corps, ce qui suppose la balance juste et sensible.

195. Justesse et sensibilité. — Une balance est juste lorsque l'aiguille s'arrête au zéro, les plateaux étant vides ou chargés de masses égales.

Une balance est sensible lorsque, l'équilibre étant établi, il suffit d'ajouter une légère surcharge dans l'un des plateaux pour faire incliner le fléau.

196. Conditions de justesse et de sensibilité. — Lorsque la balance est vide, le plan X qui passe par l'axe de suspension et par le centre de gravité se place verticalement, de sorte que ce centre soit le plus bas possible : l'aiguille doit être disposée de manière à s'arrêter alors au zéro.

Pour trouver les autres conditions, supposons qu'on mette dans les deux plateaux des masses P et $P+p$, et que l'aiguille s'incline d'un angle α. Soient :

l et l' les longueurs des deux parties du fléau, qui ne sont pas nécessairement en ligne droite;

β et β' les angles qu'elles font avec le plan X;

ϖ le poids du fléau et des plateaux;

d la distance du centre de gravité à l'axe.

Les poids des trois masses P, $P+p$ et ϖ ont une résultante égale à leur somme, qui doit être, pour l'équilibre, dans le plan vertical contenant l'axe. Donc la somme algébrique de leurs moments par rapport à ce plan est nulle :

$$(P+p)\,l\sin(\beta-\alpha) - \varpi d\sin\alpha - Pl'\sin(\beta'+\alpha) = 0.$$

D'où

$$\operatorname{tg}\alpha = \frac{(P+p)\,l\sin\beta - Pl'\sin\beta'}{\varpi d + (P+p)\,l\cos\beta + Pl'\cos\beta'} \cdot$$

Condition de justesse. — Il faut que l'aiguille soit au zéro ($\alpha = 0$) pour $p = 0$. Donc

$$l \sin \beta = l' \sin \beta'.$$

Les distances des points de suspension des plateaux au plan X (*bras du fléau*) doivent être égales.

Conditions de sensibilité. — Supposons la balance juste. L'équation devient

$$\operatorname{tg} \alpha = \frac{pl \sin \beta}{\varpi d + (\mathrm{P} + p)\, l \cos \beta + \mathrm{P} l' \cos \beta'}.$$

I. — β et β' aigus. 1° $d > 0$ (centre de gravité au-dessous de l'axe). Pour que la pesée soit possible, il faut $\alpha < \beta$. Or on a évidemment, en supprimant ϖd,

$$\frac{pl \sin \beta}{(\mathrm{P} + p)\, l \cos \beta + \mathrm{P} l' \cos \beta'} < \frac{\sin \beta}{\cos \beta},$$

ou

$$\mathrm{P} (l \cos \beta + l' \cos \beta') > 0.$$

Donc *a fortiori* on a

$$\operatorname{tg} \alpha < \operatorname{tg} \beta.$$

2° $d = 0$. Le terme ϖd disparaît, et la même inégalité subsiste.

3° $d < 0$. En posant $d = -d_1$, l'inégalité devient

$$\mathrm{P} (l \cos \beta + l' \cos \beta') - \varpi d_1 > 0,$$

ou, en tenant compte de la condition de justesse,

$$\mathrm{P} l \frac{\sin (\beta + \beta')}{\sin \beta'} - \varpi d_1 > 0.$$

La balance ne peut servir que dans les limites où cette condition est satisfaite.

II. — β et β' obtus. Remplaçant par leurs suppléments γ et γ', on a

$$\operatorname{tg} \alpha = \frac{pl \sin \gamma}{\varpi d - (\mathrm{P} + p)\, l \cos \gamma - \mathrm{P} l' \cos \gamma'}.$$

Il faut $\alpha < \gamma$ ou

$$\varpi d - (\mathrm{P} + 2p)\, l \cos \gamma - \mathrm{P} l' \cos \gamma') > 0.$$

Si $d \leqq 0$, on a tg $\alpha < 0$; la pesée est impossible.

Examiner de même le cas où l'un des angles β, β' est aigu et l'autre obtus, où l'un est droit et l'autre aigu ou obtus.

III. — $\beta = \beta' = 90°$. Il vient

$$\text{tg } \alpha = \frac{pl}{\varpi d}.$$

On doit s'efforcer de réaliser ce cas, puisque la sensibilité est alors indépendante de la charge, proportionnelle à l et en raison inverse de ϖ et de d. La balance doit satisfaire en outre à d'autres conditions que nous, avons implicitement supposées remplies : le fléau doit être rigide, pour que les trois points de suspension restent en ligne droite, et parfaitement mobile autour de son axe. Les plateaux doivent aussi être bien mobiles, pour que le point d'application des forces qu'on y place ne change pas.

197. Description. — Fléau en forme de losange évidé et placé sur sa plus petite section; couteau d'acier reposant sur un plan d'agate; couteaux renversés pour soutenir les plateaux; écrou mobile sur une tige verticale pour élever ou abaisser le centre de gravité et faire varier d. Un système de leviers supprime le contact des couteaux avec les plans d'agate lorsque la balance ne sert pas, afin d'empêcher les arêtes de s'user.

198. Double pesée. — L'égalité des bras du fléau est presque impossible à réaliser. La méthode de Borda donne des pesées exactes avec une balance qui n'est pas juste. Le corps, introduit dans le plateau A, est équilibré par une *tare* quelconque placée dans le plateau B; il est ensuite enlevé et remplacé en A par des poids marqués P, qui donnent la masse cherchée.

Si on a plusieurs corps, on opère d'abord ainsi pour le plus lourd, et l'on trouve P; il suffit ensuite de mettre successivement en A chacun des autres corps avec le poids p nécessaire pour rétablir l'équilibre, *sans changer la tare;* la masse de chacun de ces corps est donnée par $P - p$: il faut donc $n + 1$ opérations pour n corps.

199. Emploi des cavaliers. -- Pour éviter l'emploi de poids trop petits, tels que les dixièmes de milligramme, on se sert d'un fil de platine recourbé, pesant un milligramme, qu'on place à cheval sur le fléau, divisé en 10 parties égales. Si le cavalier est à la division h à partir du couteau central, il équivaut à $\dfrac{h}{10}$ milligr. placés dans le plateau.

200. Méthode des oscillations. — Pour abréger les pesées, on établit seulement une égalité approximative, on laisse osciller et on note trois élongations successives de l'aiguille, par exemple deux à gauche et une à droite; soient α_1, $-\alpha_2$ et α_3. La position d'équilibre serait

$$\alpha = \frac{\alpha_1 - 2\alpha_2 + \alpha_3}{4}.$$

On conclut de là le poids qu'il faudrait ajouter pour achever l'équilibre, si l'on connaît l'inclinaison β qui correspond à un milligramme.

201. Balance Curie. — Cet appareil donne des pesées rapides. Un micromètre portant de nombreuses divisions est fixé à l'extrémité du fléau. L'équilibre étant établi à 0,1 gramme près, on lit sur le micromètre l'inclinaison du fléau, au moyen d'un microscope fixé à la cage; on en déduit le poids qu'il faudrait ajouter, à $\frac{1}{4}$ ou $\frac{1}{10}$ de milligramme près. Un amortisseur à air arrête les oscillations.

CHAPITRE III.

CHUTE DES CORPS. PENDULE.

Chute des corps.

202. Lois de la chute des corps. — 1° *Dans le vide tous les corps tombent avec la même vitesse.*

Vérifications : Tube de Newton. Disques de métal et de papier superposés.

2° *Le mouvement est uniformément accéléré.*

En effet, le poids d'un corps est constant en un même lieu pendant toute la chute (vérifier avec un dynamomètre), et l'on démontre en mécanique qu'une force constante imprime toujours à un mobile partant du repos un mouvement uniformément accéléré. On doit donc avoir

$$e = \frac{gt^2}{2},$$
$$v = gt,$$

g étant l'accélération de ce mouvement.

Les espaces sont proportionnels aux carrés des temps employés à les parcourir.

Les vitesses sont proportionnelles aux temps.

Comme on démontre en mécanique que la vitesse v est la dérivée de l'espace e par rapport au temps t, il suffirait de vérifier expérimentalement une de ces lois. Cependant on vérifie ordinairement les deux.

On se sert pour cela des appareils suivants : dans les deux premiers, on diminue notablement la vitesse, sans changer la nature du mouvement, afin de faciliter les observations et de rendre négligeable la résistance de l'air. Dans l'appareil Morin, on enregistre le mouvement d'un corps qui tombe librement.

203. Plan incliné. — Employé par Galilée (1602). Une boule pesante roule dans une rainure graduée pratiquée suivant la ligne de plus grande pente d'une planchette qui fait un angle α avec l'horizon. Le poids P peut se décomposer en P cos α, normale au plan, et P sin $\alpha = $ F, parallèle au plan et produisant le mouvement. F est donc proportionnelle à P et par suite de même nature. Le mouvement doit donc être uniformément accéléré avec une accélération

$$g' = g \sin \alpha$$

(principe de la proportionnalité des forces aux accélérations).

Loi des espaces. — On mesurait, à l'aide des poids d'eau écoulés, les temps employés par la boule pour parcourir toute la longueur du plan, puis la moitié, le quart, les deux tiers, les trois quarts, etc. Les espaces étaient proportionnels aux carrés des temps.

Loi des vitesses. — Galilée la vérifiait indirectement à l'aide d'un pendule. On peut faire cette vérification en prolongeant le plan incliné par un plan horizontal. On lance la boule d'un point tel qu'elle vienne rencontrer ce plan à l'instant t où l'on veut mesurer la vitesse, qui est égale à la longueur parcourue par la boule sur le plan horizontal en une seconde.

204. Machine d'Atwood. — Se compose essentiellement de deux masses égales M suspendues aux deux bouts d'un fil de soie, de poids négligeable, qui passe sur une poulie parfaitement mobile. Le système est en équilibre indifférent. Sur l'une des masses, placée devant une règle divisée en centimètres, on ajoute une masse additionnelle m, qui entraîne le système d'autant plus lentement qu'elle est plus faible.

Soit γ l'accélération de ce mouvement. On sait qu'une même force (le poids p de la masse m) imprime à différents mobiles des accélérations en raison inverse de leurs masses. D'où

$$(1) \qquad \frac{\gamma}{g} = \frac{m}{2M + m}.$$

Le mouvement est donc de même nature qu'en chute libre, et, si l'on mesure γ, on pourra calculer g.

1° *Loi des espaces.* — On a un appareil battant la seconde (pendule, métronome). On fait partir la masse surchargée $M + m$ du zéro de la règle verticale au commencement d'une seconde, et on l'arrête avec un curseur plein successivement au bout de 1, 2, 3, 4, ... secondes. On trouve pour les espaces parcourus des nombres tels que

$$
\begin{array}{lll}
10\ \text{cm.} & \text{ou} & 10 \times 1^2, \\
40 & \text{ou} & 10 \times 2^2, \\
90 & \text{ou} & 10 \times 3^2, \\
160 & \text{ou} & 10 \times 4^2,
\end{array}
$$

ce qui vérifie la loi des espaces.

2° *Loi des vitesses.* — Pour avoir la vitesse au temps t, on rend le mouvement uniforme à cet instant en supprimant, au moyen d'un curseur annulaire, la masse m, dont le poids entraîne le système, et l'on mesure l'espace parcouru dans la seconde qui suit cet instant, en arrêtant la masse M par le curseur plein. Au bout de 1, 2, 3, ... secondes, on trouve pour la distance des deux curseurs, qui représente la vitesse :

$$
\begin{array}{lll}
20\ \text{cm.} & \text{ou} & 20 \times 1, \\
40 & \text{ou} & 20 \times 2, \\
60 & \text{ou} & 20 \times 3,
\end{array}
$$

ce qui vérifie la loi.

3° *Calcul de* g. — On voit en outre que l'accélération est

$$\gamma = 20\ \text{cm.}$$

Si l'on mesure M et m par la balance, on trouve par exemple

$$M = 24, \qquad m = 1,$$

ce qui donne, d'après (1),

$$g = 980\ \text{cm.}$$

Détails de construction : emploi de quatre poulies croisées deux à deux pour soutenir la poulie principale et diminuer le frottement. Dispositif pour faire commander le départ du système par le pendule à seconde.

Appareil enregistrant de Bourbouze : l'axe de la poulie porte un cylindre noirci sur lequel un diapason horizontal trace une ligne sinueuse, dont les sommets vont en s'écartant à mesure que le mouvement s'accélère.

205. Appareil Morin. — Une masse de fonte cylindroconique tombe librement devant un cylindre vertical, qui tourne uniformément autour de son axe; un crayon fixé au corps trace une courbe qu'on développe et qu'on étudie.

Le mouvement du cylindre est produit par la chute d'un poids qui entraîne un treuil portant une roue dentée; cette roue engrène avec une vis sans fin placée sur l'axe du cylindre; ce mouvement est rendu uniforme par quatre ailettes, auxquelles l'air oppose une résistance qui croît plus rapidement que la vitesse. Le corps est guidé dans sa chute par deux fils de fer, qui l'empêchent de tourner.

Tout se passe comme si, le cylindre étant remplacé par une feuille de papier immobile, le corps possédait, en même temps que la vitesse verticale due à la pesanteur, une vitesse horizontale uniforme, égale et contraire à celle du cylindre. La courbe tracée sur le papier représente la résultante de ces deux mouvements partiels. Pour étudier les lois de la chute, il suffit de décomposer le mouvement résultant de façon à retrouver les deux mouvements composants.

1° *Loi des espaces.* — Soient OX (*fig.* 22) l'horizontale décrite par le crayon quand le cylindre tourne seul, le corps étant immobile, et OY la génératrice verticale qu'il décrit lorsque le cylindre est au repos. Quand le corps est en A′, les deux mouvements composants sont OA et AA′. Les espaces parcourus sous l'action de la pesanteur sont donc AA′, BB′, CC′, ... On trouve

$$\frac{AA'}{\overline{OA}^2} = \frac{BB'}{\overline{OB}^2} = \frac{CC'}{\overline{OC}^2} = \ldots$$

D'ailleurs, le mouvement du cylindre étant uniforme,

$$\frac{OA}{t} = \frac{OB}{t'} = \frac{OC}{t''} = \cdots$$

D'où

$$\frac{AA'}{t^2} = \frac{BB'}{t'^2} = \frac{CC'}{t''^2} = \cdots$$

Les espaces sont donc proportionnels aux carrés des temps.

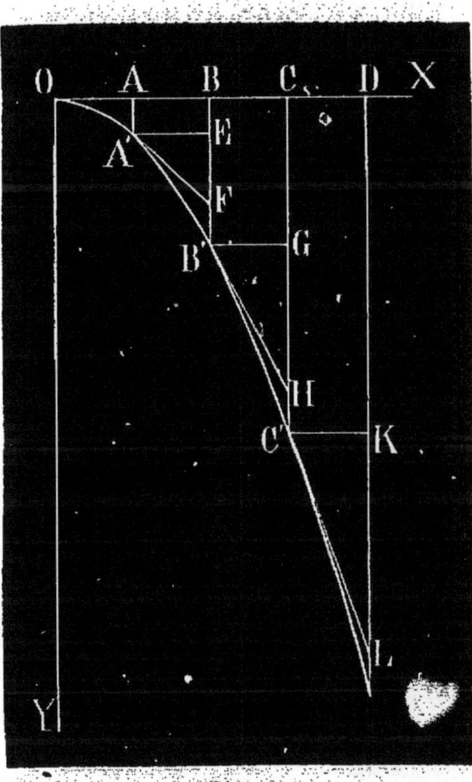

Fig. 22.

2° *Loi des vitesses.* — Supposons $OA = AB = BC = \cdots$ (*fig.* 22) et prenons pour unité le temps que le cylindre met à tourner de l'une de ces quantités. La vitesse *résultante* en A' est dirigée suivant la tangente A'F; l'une de ses composantes est la vitesse horizontale A'E, l'autre, due à la pesanteur, est verticale et dirigée suivant EF. Les trois vitesses forment donc un triangle, dans lequel on connaît le côté A'E et la direction des deux autres. Le troisième sommet est donc F, et la vitesse due à la pesanteur est EF. De même en B', C'. …..on

trouve GH, KL, … et l'on a

$$EF = \frac{GH}{2} = \frac{KL}{3} = \cdots$$

Pendule.

206. Définitions. — On nomme *pendule simple* l'appareil idéal formé d'un point matériel pesant, suspendu à l'extrémité d'un fil sans poids et inextensible ; on suppose le système placé dans le vide et n'éprouvant aucun frottement au point de suspension. — On donne le nom de *pendule composé* à tout corps mobile autour d'un axe horizontal.

207. Mouvement du pendule simple. — La position d'équilibre est la verticale OA. Si on écarte le pendule en B· (*fig.* 23), il est sollicité par son poids P : la composante F′ tend le fil, et la force F = P sin α entraîne le mobile sur le cercle AB. Cette force décroît jusqu'en A ; mais, comme elle a toujours gardé le même sens, la vitesse est allée en augmentant, et elle est maximum en B. En vertu de cette vitesse acquise, le mouvement continue, mais en se ralentissant ; car la force F change de sens, comme on le voit en M. Nous verrons plus loin que la vitesse devient nulle, et que le mobile s'arrête en B′, symétrique de B par rapport à OA.

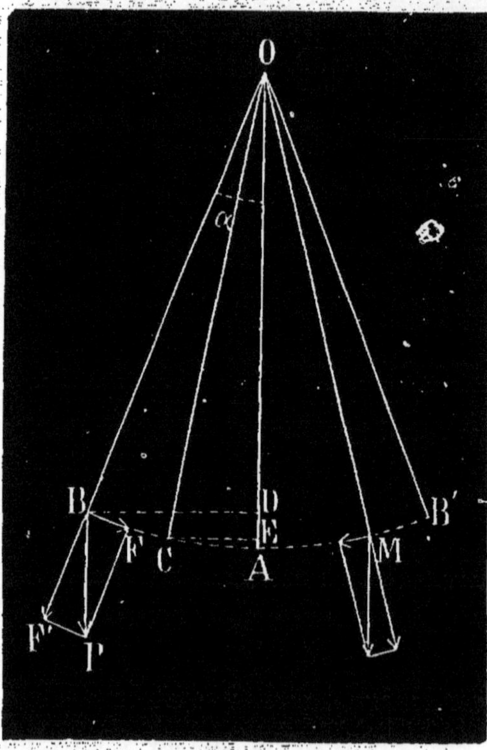

Fig. 23.

Oscillation simple : mouvement du pendule de B en B′.

— *Oscillation double :* mouvement de B en B' et de B' en B. — *Amplitude de l'oscillation :* angle BOB'; on considère souvent la demi-amplitude α.

208. Durée d'une oscillation simple. — Supposons le pendule arrivé en C, et l'amplitude assez petite pour qu'on puisse confondre les arcs avec leurs cordes. Posons

$$OA = l \qquad AB = a \qquad AC = x.$$

Si m est la masse du point matériel, d'après le principe des forces vives

$$\frac{1}{2}\, mv^2 = mg \,.\, DE\,;$$

$$v = \sqrt{2g \,.\, DE}.$$

L'espace parcouru est $a - x$, et la vitesse est sa dérivée. Donc

$$-\frac{dx}{dt} = \sqrt{2g \,.\, DE}\,.$$

Or

$$DE = \frac{a^2}{2l} - \frac{x^2}{2l}\,.$$

D'où

$$-\frac{dx}{dt} = \sqrt{\frac{g}{l}\,(a^2 - x^2)}\,,$$

$$1 = -\sqrt{\frac{l}{g}}\,\frac{1}{\sqrt{a^2 - x^2}}\,\frac{dx}{dt}\,.$$

En remontant aux fonctions primitives

$$t + C = -\sqrt{\frac{l}{g}}\,\text{arc sin}\,\frac{x}{a}\,.$$

Mais $x = a$ pour $t = 0$,

$$C = -\sqrt{\frac{l}{g}}\,\frac{\pi}{2}\,,$$

$$t = \sqrt{\frac{l}{g}}\left(\frac{\pi}{2} - \text{arc sin}\,\frac{x}{a}\right).$$

On voit que x peut varier seulement entre $+a$ et $-a$: le pendule se déplace donc entre B et B'.

Pour $x = -a$, on a la durée d'une oscillation simple :

$$(1) \qquad t = \pi \sqrt{\frac{l}{g}}.$$

Autre démonstration. — Un mobile N parcourt une circonférence de rayon a avec une vitesse uniforme $u = a\sqrt{\frac{g}{l}}$. Sa projection C sur un diamètre a un mouvement oscillatoire dont la vitesse est la projection de u, ou

$$v = u \frac{\sqrt{a^2 - x^2}}{a} = \sqrt{\frac{g}{l}(a^2 - x^2)} \quad .$$

(x distance de C au centre).

La projection C reproduit donc le mouvement du pendule, mais en ligne droite. Pour décrire un demi-cercle, le mobile N emploie un temps

$$t = \frac{\pi a}{u} = \pi \sqrt{\frac{l}{g}}.$$

La projection C met le même temps pour parcourir le diamètre, et le pendule pour parcourir l'arc BB'.

209. Lois du pendule simple. — De (1) on tire les lois suivantes :

1° *La durée d'oscillation est indépendante de l'amplitude* (isochronisme), *pourvu qu'elle soit très petite ;*

2° *La durée d'oscillation est indépendante de la substance qui forme le pendule ;*

3° *Les durées d'oscillation d'un même pendule en différents lieux sont en raison inverse des racines carrées des intensités de la pesanteur ;*

4° *Les durées d'oscillation de deux pendules de longueur différente sont, en un même lieu, proportionnelles aux racines carrées de leurs longueurs.*

La première loi ne s'applique qu'aux oscillations ne dépassant pas 4° ou 5°; si l'amplitude est supérieure à cette limite, la durée est représentée par la formule

$$(2) \qquad t = \pi \sqrt{\frac{l}{g}} \left[1 + \left(\frac{1}{2}\right)^2 \sin^2 \frac{\alpha}{2} + \left(\frac{1.3}{2.4}\right)^2 \sin^4 \frac{\alpha}{2} + \dots \right]$$

210. Pendule composé. — Les lois précédentes peuvent être vérifiées avec un pendule composé oscillant dans l'air, pourvu qu'il soit assez lourd, qu'il n'offre pas une trop grande surface à la résistance de l'air, et qu'il ne fasse que de petites oscillations.

La longueur d'un pendule composé est la longueur du pendule simple qui aurait même durée d'oscillation.

211. Expériences de Borda. — Borda a vérifié les lois et mesuré g. Son pendule était formé d'une sphère de platine suspendue à un fil de fer fin; le tout était soutenu par un couteau muni d'un écrou pour déplacer le centre de gravité.

Pour vérifier la seconde loi, on remplace la sphère de platine par des sphères d'autres métaux.

212. Mesure de g. — On amène le pendule entier à osciller dans le même temps que le système formé seulement de la sphère et du fil, et par conséquent on peut considérer le pendule comme formé uniquement de ces deux pièces. Le poids du fil étant négligeable, le centre de gravité du pendule coïncide alors avec celui de la sphère. On mesure le rayon de la sphère au moyen de la poussée exercée par l'eau, et la longueur totale de l'appareil à l'aide d'une règle graduée et d'une petite plate-forme horizontale qu'on amène à toucher exactement le bas de la sphère. De ces données on déduit la longueur du pendule.

La durée d'oscillation est mesurée par la méthode des coïncidences. Le pendule est placé devant le balancier d'une horloge astronomique, et, lorsqu'ils sont tous deux immobiles, une lunette vise à la fois le fil du pendule et un trait vertical placé sur le balancier. Les durées d'oscillation des deux appareils sont très peu différentes. Lorsqu'on les voit passer tous deux ensemble à la verticale, allant *dans le même sens*, il y a coïncidence. Si l'horloge a marqué n secondes, et que le pendule soit un peu plus long, il a fait $n - 2$ oscillations simples, et sa durée d'oscillation est

$$\frac{n}{n-2}.$$

Si le pendule est un peu plus court, il a fait $n + 2$ oscillations et sa durée est

$$\frac{n}{n+2}.$$

On calcule ensuite g par la formule (2), qu'on limite aux deux premiers termes, l'amplitude α étant mesurée pour toutes les oscillations qui correspondent à des coïncidences. La valeur de g est à Paris 980,96 cm.

213. Longueur du pendule simple battant la seconde. — Faisant $t = 1$ dans (1), on a

$$l = \frac{g}{\pi^2}.$$

A Paris $l = 99{,}38$ cm.

214. Démonstration de la rotation de la terre. — Le plan d'oscillation d'un pendule, dont le fil est flexible, est invariable dans l'espace. Le fil doit donc se tordre, et le plan d'oscillation paraît se déplacer en sens contraire du mouvement de rotation de la terre. Expérience de Foucault au Panthéon en 1851 : sphère de cuivre de 28 kilogr. suspendue à un fil d'acier de 64 mètres de longueur.

215. Application au réglage des horloges. — Huyghens (1656). Le pendule commande, par l'intermédiaire d'une fourchette, une ancre d'échappement qui arrête un instant le mécanisme à chaque oscillation. Le mouvement se trouve ainsi décomposé en une série de petits mouvements égaux. Chaque fois que le mécanisme se remet en marche, il donne à l'ancre et au pendule une petite impulsion qui entretient leur mouvement.

7.

216. La pesanteur est un cas particulier de la gravitation universelle. — Newton a montré que les mouvements des corps célestes peuvent s'expliquer en admettant que deux points matériels quelconques s'attirent en raison directe du produit de leurs masses et en raison inverse du carré de leur distance.

La pesanteur n'est qu'un cas particulier de ce phénomène, et la chute des corps s'explique par la même hypothèse. Nous avons vu en effet que le corps se dirige en tombant vers le centre de la terre; de plus le poids d'un corps est proportionnel à sa masse et il doit varier, ainsi que g, en raison inverse du carré de la distance au centre de la terre. Cette dernière loi est admise; mais les vérifications expérimentales ne sont pas encore assez nombreuses pour la démontrer.

217. Corrections de g. — Les valeurs g'' observées en différents lieux doivent subir diverses corrections pour être rendues comparables; elles doivent notamment être réduites au vide et au niveau de la mer.

Soient g' la valeur ramenée au vide; P le poids absolu du pendule; d son poids spécifique absolu; a celui de l'air dans les conditions de l'expérience :

$$\frac{g''}{g'} = \frac{P}{P\left(1 - \frac{a}{d}\right)}$$

(proportionnalité des accélérations).

Le pendule étant en mouvement, la poussée $\dfrac{P}{d} a$ doit être multipliée par un coefficient qui, d'après Poisson, pourrait être pris égal à $\dfrac{3}{2}$ pour le pendule de Borda :

$$g' = \frac{g''}{1 - \frac{3}{2}\frac{a}{d}} \cdot$$

Soient : g la valeur réduite au niveau de la mer;

R le rayon de la terre;

z l'altitude :

$$\frac{g}{g'} = \frac{(R+z)^2}{R^2} = 1 + \frac{2z}{R};$$

donc

$$g = g'' \frac{1 + \frac{2z}{R}}{1 - \frac{3}{2}\frac{a}{d}}.$$

218. Variation de g avec la latitude. — La valeur de g diminue du pôle à l'équateur, à cause de l'augmentation du rayon terrestre et de la force centrifuge. On peut représenter cette variation par

$$g = a + b \sin^2 \lambda.$$

Pour $\lambda = 45°$

$$g_{45} = a + \frac{b}{2};$$

d'où

$$g = g_{45}\left(1 - \frac{b}{2g_{45}}\cos 2\lambda\right).$$

On calcule $\dfrac{b}{2g_{45}}$ par une autre observation et l'on a

$$g = 980{,}6056\,(1 - 0{,}002\,552\,3\cos 2\lambda).$$

Au pôle $g = 983{,}108$; à l'équateur $g = 978{,}103$.

———◦———

CHAPITRE IV.

HYDROSTATIQUE.

219. Pressions dans les fluides. — Les fluides (liquides et gaz) n'ont pas, comme les solides, une forme déterminée. Dans toute déformation sans changement de volume, le travail des forces intérieures est nul pour les fluides parfaits, très faible pour les fluides imparfaits. Si l'on comprime une partie d'un fluide, elle réagit contre cette compression, en vertu de son élasticité, et par suite la transmet aux parties voisines, qui à leur tour la transmettent aux suivantes, et de même dans toute la masse.

Si P est la pression sur une surface S, la *pression moyenne* sur cette surface est $\frac{P}{S}$. La limite de cette expression, lorsque S tend vers zéro, est la pression au point A, centre de la surface.

220. Principe de Pascal. — *Toute pression exercée normalement sur une petite partie de la surface d'un liquide en équilibre se transmet intégralement à toute surface égale à la première, prise soit sur la paroi, soit dans l'intérieur du liquide.*

Il résulte de là que, si l'on exerce une pression p sur une surface s, la pression P transmise à une surface S est donnée par

$$\frac{P}{S} = \frac{p}{s}.$$

On trouve une vérification de l'énoncé qui précède dans le principe de la presse hydraulique. Deux cylindres d'inégal diamètre communiquent par la partie inférieure et contiennent de l'eau. Si l'on exerce une pression p sur la surface du plus petit, la pression P transmise à la surface du plus grand est donnée par l'équation précédente.

Sur un élément (surface très petite) situé contre la paroi, il suffit, pour qu'il y ait équilibre, que la pression soit normale à la paroi. Un élément pris dans l'intérieur d'un liquide en équilibre supporte sur ses deux faces des pressions égales et normales.

221. Pressions dues à la pesanteur seule; variation avec la hauteur. — Ces pressions doivent aller en croissant depuis le haut du liquide jusqu'au fond du vase, chaque couche exerçant sur celle qui est au-dessous une pression égale à son poids et lui transmettant en outre la pression des couches situées plus haut.

Soient p, p' les pressions normales par unité de surface sur deux éléments placés à des hauteurs différentes et formant les bases d'un cylindre; P le poids du liquide compris dans ce cylindre; α, α' et β les angles de ces trois forces avec l'axe du cylindre. Ces trois forces et les pressions normales aux surfaces latérales se font équilibre; la somme de leurs projections sur l'axe du cylindre est donc nulle :

$$ps \cos\alpha + p's' \cos\alpha' + P \cos\beta = 0.$$

Soit σ la section droite du cylindre, l sa longueur, d le poids spécifique du liquide :

$$\sigma(p - p') + \sigma l d \cos\beta = 0.$$

En appelant z la projection de l sur la verticale,

$$p' - p = zd.$$

La différence des pressions supportées par deux éléments égaux, situés à des hauteurs différentes, est égale au poids d'un cylindre droit du liquide, ayant pour base l'un de ces éléments et pour hauteur leur distance verticale.

Remarque. — En supposant $P = 0$ dans ce qui précède, on a une démonstration du principe de Pascal.

222. Conséquences. — 1º La pression supportée par un élément pris dans l'intérieur du liquide est indépendante de sa direction. En effet, l'angle des éléments avec l'horizon n'entre pas dans l'énoncé précédent.

2º La pression est la même en tous les points d'un même plan horizontal (*surface de niveau*).

3º La surface libre est plane et horizontale (niveau à bulle d'air).

4º Tout élément pris dans l'intérieur d'un liquide supporte sur ses deux faces des pressions égales au poids d'un cylindre du liquide ayant pour base cet élément et pour hauteur sa distance à la surface libre (tube fermé à la base par un obturateur léger, qui se détache lorsqu'on verse de l'eau jusqu'au niveau de la surface libre).

5° La surface de séparation des deux liquides superposés est plane et horizontale.

223. Pression sur une paroi horizontale. — Elle est égale au *poids d'un cylindre du liquide ayant pour base cette paroi et pour hauteur sa distance à la surface libre.*

Appareil Masson : vases de formes diverses fermés à la base par un obturateur suspendu à une balance.

Appareil de Haldat : le fond mobile des vases est formé par la surface d'une colonne de mercure placée dans un tube recourbé, et qui est repoussée de la même quantité quand on verse de l'eau à la même hauteur dans les différents vases.

224. Pression sur une paroi plane non horizontale. — Elle est égale au *poids d'un cylindre droit du liquide ayant pour base cette surface et pour hauteur la distance de son centre de gravité à la surface libre.*

En effet, on a pour les divers éléments, en appelant z, z', z'', ... leurs distances à la surface libre et d le poids spécifique.

$$szd + s'z'd + s''z''d + \dots$$

Par la ligne d'intersection de la surface libre avec la paroi menons un plan X, perpendiculaire à cette paroi, que nous supposons faire un angle α avec la verticale. Supposons les éléments de surface pesants et de poids spécifique d. Le théorème des moments pour le plan X donne

$$sd \frac{z}{\cos \alpha} + s'd \frac{z'}{\cos \alpha} + \dots = Sd \frac{Z}{\cos \alpha}$$

(S surface totale, Z distance du centre de gravité à la surface libre).

225. Résultante des pressions sur toutes les parois. — *La résultante des pressions exercées par le liquide sur toutes les parois du vase qui le contient est verticale, dirigée de haut en bas et égale au poids du liquide.*

On prend trois axes de coordonnées, deux horizontaux OX, OY, et le troisième OZ vertical et dirigé vers le bas. On décompose les pressions élémentaires suivant ces directions et l'on a trois résultantes partielles :

$$X = \Sigma\, ps \cos \alpha.$$
$$Y = \Sigma\, ps \cos \beta,$$
$$Z = \Sigma\, ps \cos \gamma.$$

En décomposant le liquide en cylindres élémentaires parallèles à OX, on réunit les termes de X deux à deux :

$$ps \cos \alpha + ps' \cos \alpha'.$$

Or la section droite de ce cylindre

$$\sigma = s \cos \alpha = - s' \cos \alpha'.$$

La somme de ces deux termes est nulle et de même X. La même démonstration démontre que $Y = 0$ et donne pour Z des termes

$$ps \cos \gamma + p_1 s_1 \cos \gamma_1 = (p_1 - p)\, \sigma_1.$$

Si h est la longueur du cylindre,

$$(p_1 - p)\, \sigma_1 = \sigma_1 hd.$$

Ce terme représente le poids du cylindre élémentaire, et de même la somme Z est égale au poids total du liquide.

Expériences : chariot à réaction; tourniquet hydraulique; crève-tonneau.

226. Vases communiquants. — 1° *Lorsque deux vases communiquants renferment un même liquide, les deux surfaces libres sont dans un même plan horizontal.*

Applications : distribution de l'eau; jets d'eau; puits artésiens; niveau d'eau (§ 175).

2° *Lorsque deux vases communiquants renferment des liquides différents, il faut, pour l'équilibre, que les hauteurs au-dessus de la surface de séparation soient en raison inverse des densités.*

On a pour deux éléments égaux pris, dans les deux vases, dans le plan horizontal de la surface de séparation,

$$shd = sh'd'.$$

On peut remplacer les poids spécifiques absolus dd' par les densités absolues DD', qui leur sont proportionnelles.

227. Principe d'Archimède. — *Tout corps solide plongé dans un fluide subit une poussée verticale, dirigée de bas en haut, et égale au poids du fluide déplacé.*

Même démonstration que plus haut (§ 225); mais, les pressions ayant toutes changé de sens et étant dirigées vers l'intérieur, la résultante change aussi de sens et se trouve dirigée de bas en haut.

Vérifications : On suspend sous une balance un cylindre creux et au-dessous un cylindre plein pouvant remplir exactement le premier. On fait la tare. Si l'on fait plonger complètement le cylindre plein dans l'eau, il suffit, pour rétablir l'équilibre, de remplir du même liquide le cylindre creux.

Si l'on fait la tare d'un vase plein d'eau et qu'on y plonge le cylindre plein suspendu par un fil, la balance s'incline, et l'on peut rétablir l'équilibre en enlevant assez de liquide pour remplir le cylindre creux.

228. Équilibre des corps plongés dans un liquide. — Soient P le poids du corps et P′ la poussée.

1° P > P′. L'effort à faire pour soutenir le corps est P — P′. C'est aussi la force qui produit la chute.

2° P = P′. Le corps flotte à l'intérieur du liquide. Si le corps n'est pas homogène, il faut que le centre de poussée soit sur la même verticale que le centre de gravité et au-dessus de lui.

3° P < P′. *Corps flottants.* — Le corps sort du liquide jusqu'à ce que *la poussée* devienne *égale au poids*.

L'équilibre peut être stable, quoique le centre de gravité soit au-dessus du centre de poussée. Mais il faut que le *métacentre* soit *au-dessus du centre de gravité*. Le métacentre est le point de rencontre de la verticale menée par le nouveau centre de poussée avec la droite qui joint le premier centre de poussée au centre de gravité.

CHAPITRE V.

POIDS SPÉCIFIQUES ET DENSITÉS. ARÉOMÈTRES.

229. Définitions. — Poids spécifique absolu d : poids de l'unité de volume (poids de 1 cc. en dynes).

Densité absolue D : masse de l'unité de volume (masse de 1 cc. en grammes). Le poids d'un corps est

$$p = Vd,$$

et la masse

$$P = VD.$$

Poids spécifique relatif μ : rapport des poids de volumes égaux du corps et d'eau à 4°. Densité relative : rapport des masses. Ces deux quantités sont égales. Soient p', P', d', D' les mêmes quantités pour l'eau à 4° :

$$\mu = \frac{p}{p'} = \frac{P}{P'} = \frac{d}{d'} = \frac{D}{D'}.$$

D'où

$$D = \mu D'.$$

On mesure μ et on multiplie par D'. Mais, comme la densité absolue de l'eau $D' = 1,000013$, on peut souvent prendre $D = \mu$.

230. Mesure des densités relatives ([1]). — Il faut déterminer : 1° la masse du corps ; 2° celle d'un égal volume d'eau : donc trois opérations.

231. Méthode du flacon. — I. *Solides*. — Flacon muni d'un bouchon à l'émeri creux terminé par un tube capillaire portant un trait et surmonté d'un petit entonnoir.

1. Pour les corrections, voyez § 306.

On fait équilibre à une même tare en mettant successivement sur l'autre plateau :

1° Le flacon plein d'eau distillée à 0° et le corps ;

2° Le flacon et un poids de masse P ;

3° Le flacon renfermant le corps et un poids P′.

$$\mu = \frac{P}{P'}.$$

II. *Liquides.* — Tube étiré au milieu et portant un trait d'affleurement sur la partie capillaire. Supposons le liquide plus dense que l'eau. On fait équilibre à une même tare avec

1° Le flacon plein de liquide à 0° jusqu'au trait ;

2° Le flacon plein d'eau à 0° et un poids p ;

3° Le flacon vide et un poids P.

$$\mu = \frac{P}{P-p}.$$

232. Méthode de la balance hydrostatique. — I. *Solides.* — On fait équilibre à une même tare avec :

1° Le corps suspendu par un fil sous l'autre plateau ;

2° Un poids P ;

3° Le corps suspendu dans l'eau et un poids P′ dans le plateau.

$$\mu = \frac{P}{P'}.$$

II. *Liquides.* — On équilibre une tare au moyen de :

1° Un corps solide quelconque, insoluble et inattaquable (boule de verre lestée) suspendu par un fil ;

2° Le même corps suspendu dans le liquide et un poids P ;

3° Le même corps suspendu dans l'eau et un poids P′.

$$\mu = \frac{P}{P'}.$$

233. Méthode des aréomètres à volume constant. — I. *Solides.* — Aréomètre Nicholson : flotteur cylindro-conique en métal portant à la partie inférieure une corbeille lestée et au haut une tige verticale avec un trait a, surmontée d'un petit plateau.

On produit l'affleurement au trait a en chargeant l'instrument avec :

1° Le corps et une tare convenable sur le plateau supérieur ;

2° La même tare et un poids P ;

3° La même tare et un poids P′ sur le plateau supérieur, le corps étant immergé dans la corbeille inférieure.

$$\mu = \frac{P}{P'}.$$

Si le corps est moins dense que l'eau, on le place sous la corbeille inférieure retournée.

II. *Liquides*. — Aréomètre Fahrenheit : flotteur de verre terminé par une tige avec un trait a et un plateau. Il faut connaître le poids ϖ de l'appareil, et il suffit de faire deux opérations. On produit l'affleurement au trait a :

1° Dans le liquide, le plateau portant un poids p ;

2° Dans l'eau, le plateau portant un poids p'.

$$\mu = \frac{\varpi + p}{\varpi + p'}.$$

234. Corps solubles poreux ou altérés par l'eau. — 1° Corps solubles. — On prend la densité par rapport à un autre liquide et on multiplie par celle de ce liquide rapportée à l'eau :

$$\mu = \frac{P}{P'} = \frac{P}{P''} \times \frac{P''}{P'}$$

(P, P″, P′ masses de volumes égaux du corps, du liquide intermédiaire et d'eau).

2° Corps poreux. — On a la densité réelle en réduisant le corps en poudre, la densité apparente en l'entourant d'une couche de cire, qu'on pèse et dont on tient compte.

3° Corps altérés par les liquides. — Voy. *Voluménomètre*, chap. VII, § 262.

235. Aréomètres à poids constant. — Flotteurs portant une tige graduée et donnant certaines indications sur les qualités des liquides et notamment sur leur degré de concentration.

Aréomètres de Baumé. — 1° D > 1. Pèse-acides ou pèse-sels. On marque 0 dans l'eau pure et 15 dans une dissolution de 15 parties de sel marin desséché dans 85 parties d'eau (D = 1,116 à 12°,5).

2° D < 1. Pèse-esprits ou pèse-alcools. On marque 0 dans une solution de 10 parties de sel marin desséché pour 90 parties d'eau (D = 1,085 à 12°,5) et 10 dans l'eau pure.

Alcoomètre centésimal de Gay-Lussac. — Donne la proportion d'alcool (en volumes) dans un mélange formé uniquement d'alcool et d'eau. On marque 100 dans l'alcool absolu, 95 dans un mélange de 95 volumes d'alcool avec assez d'eau pour compléter 100 volumes (il y a contraction), etc. On divise ensuite chaque intervalle en cinq parties égales. Les divisions vont en diminuant vers le zéro.

On peut graduer aussi par comparaison avec un appareil étalon.

Volumètres. — Donnent le volume du liquide déplacé en divisions arbitraires, le point 100 correspondant à l'eau. On peut en tirer la densité relative

$$\mu = \frac{100}{n}$$

pour un liquide où l'instrument affleure à la division n.

Densimètres. — Donnent la densité du liquide. Il suffit d'y inscrire $\dfrac{100}{n}$ au lieu de n.

CHAPITRE VI.

CAPILLARITÉ.

236. Attraction moléculaire. — Attraction de deux solides (plateaux de verre finement dépolis), d'un solide et d'un liquide ou de deux liquides (baguette de verre plongée dans l'eau), d'un solide et d'un gaz (voy. *Ébullition*), d'un liquide et d'un gaz (entraînement de l'air dans les trompes).

Le rayon de la sphère d'activité est très faible. On peut cependant faire adhérer par contact les deux moitiés d'une balle de plomb fraîchement coupée, ou des limailles métalliques fortement comprimées (Walthère Spring).

237. Tension superficielle. — A l'intérieur du liquide, outre la pression hydrostatique, étudiée plus haut, l'attraction moléculaire produit une pression constante, normale à chaque élément. Dans la couche superficielle, d'épaisseur égale au rayon de la sphère d'activité, cette pression décroît jusqu'à zéro; mais elle n'est plus indépendante de la direction de l'élément; elle est plus forte sur les éléments normaux que sur les éléments parallèles. Si l'on suppose la couche superficielle coupée normalement en un point quelconque, il existe donc une force tangentielle qui tend à réunir les deux bords de la coupure : cette force par unité de longueur est appelée *tension superficielle.*

Expériences montrant la tension superficielle : 1° enfoncer une baguette de verre dans du mercure dont la surface est saupoudrée de grès; 2° verser de l'eau dans une boîte de papier dont les grands côtés se rapprochent; 3° mouiller de liquide glycérique un secteur dont un des côtés est mobile et se rapproche de l'autre, ou 4° un rectangle dont le côté horizontal inférieur, rigide, se rapproche de l'autre, tandis que les côtés verticaux, formés de fils de soie, se recourbent en arcs de cercle concaves vers l'extérieur; 5° mouiller du même liquide un cadre rigide et déposer sur la lame liquide un anneau en fil de soie; en perçant le liquide dans l'inté-

rieur de l'anneau, celui-ci prend exactement la forme circulaire (Pasteur, Van der Mensbrugghe, Dupré, Terquem);
6° une bulle de savon dont l'intérieur reste en communication avec l'atmosphère diminue de volume.

Mesure de la tension superficielle. — Un tube de verre de longueur l portant un petit plateau chargé de poids est suspendu par une double lame du liquide étudié à un fil de coton tendu horizontalement. S'il faut un poids marqué m pour détacher le système,

$$mg = 2\mathrm{F}l$$

(F tension superficielle en unités C. G. S.).

Figures laminaires de Plateau.
1° A une même arête liquide n'aboutissent jamais que trois lames, et elles font des angles égaux.
2° Quand plusieurs arêtes liquides aboutissent à un même point dans l'intérieur du système, elles sont toujours au nombre de quatre et forment des angles égaux.

238. Formule de Laplace. — Si la surface de séparation de deux fluides est courbe, il se produit, en passant de la face convexe à la face concave, une augmentation de pression ou *pression capillaire* égale au produit de la tension superficielle par la courbure moyenne au point considéré :

$$p = \mathrm{F}\left(\frac{1}{\mathrm{R}} + \frac{1}{\mathrm{R'}}\right).$$

Expériences de Plateau sur les liquides soustraits à la pesanteur : huile dans l'eau alcoolisée.

239. Lois expérimentales. — *Tubes cylindriques.*
Loɪ ᴅᴇ Jᴜʀɪɴ. — *Pour un même liquide, les hauteurs moyennes des ascensions ou des dépressions sont en raison inverse des diamètres des tubes.*
Expériences de Gay-Lussac. — Il mesure le diamètre des tubes au moyen de la longueur occupée par un index de mercure de poids connu, et la hauteur du liquide soulevé

avec une sorte de cathétomètre. La pointe d'une vis affleure le liquide et on la vise en enlevant, à la fin de l'expérience, un peu de ce liquide.

E. Desains opère de même ; mais la pointe de la vis ne touche pas tout à fait le liquide, et l'on prend comme niveau de la surface le milieu de la distance de la pointe à son image. Les ménisques étaient remplacés par des cylindres équivalents d'après la table de Danger.

Simon (de Metz) a mesuré l'ascension de l'eau dans des tubes extrêmement fins ; MM. Quet et Seguin ont vérifié la loi pour les tubes larges.

Tubes non mouillés par le liquide.

Gay-Lussac appliquait le tube contre une paroi du vase de verre extérieur. On peut se servir de tubes communiquants, ou on fixe le tube capillaire dans le bouchon d'un tube plus gros, qu'on enfonce dans le liquide jusqu'à ce que celui-ci affleure à l'orifice du tube capillaire. La différence entre cet orifice et le niveau dans le vase extérieur donne la dépression.

Angle de raccordement.

Lames parallèles. — La loi de Jurin s'applique encore : la hauteur du liquide est en raison inverse de la distance des lames ; mais elle est seulement la moitié de ce qu'elle serait dans un tube ayant un diamètre égal à cette distance.

Gay-Lussac a vérifié cette loi pour l'eau en séparant les deux lames par des fils métalliques, des lamelles de verre ou de mica d'épaisseur connue. E. Desains séparait les lames par quatre petits bouts coupés dans un même fil de cuivre, et serrait modérément avec des pinces à vis.

Lames inclinées. — La trace du liquide sur chaque lame est une hyperbole.

Influence de la température. — M. Wolf entoure la cuvette d'un cylindre à double paroi et les tubes d'un manchon de cuivre fermé par deux glaces bien planes. Un courant d'eau chaude passe d'abord dans le cylindre, puis dans le manchon. Les tubes, maintenus fermés depuis leur fabrication, sont parfaitement propres ; on fait affleurer le liquide toujours au même point ; on coupe ensuite à ce niveau et on mesure le diamètre avec une machine à diviser. La hauteur du liquide décroît à mesure que la température s'élève.

Phénomènes divers. — Élévation ou dépression des liquides au contact d'une paroi plane. Imbibition des corps poreux par les liquides.

Mouvements : deux lames parallèles s'attirent lorsqu'elles sont toutes deux mouillées ou non mouillées ; elles se repoussent si l'une est mouillée et l'autre non mouillée. Il en est de même pour deux balles flottant sur un liquide.

Une goutte de liquide dans un tube conique s'approche du sommet si elle mouille le tube et s'en éloigne dans le cas contraire.

Chapelets.

Compte-gouttes. Pour un même liquide, le poids des gouttes est proportionnel au périmètre de l'orifice et à la tension superficielle.

240. Correction capillaire pour les baromètres ou manomètres. — Soient R le rayon du tube, R′ celui du ménisque, supposé formé d'une calotte sphérique, α l'angle de raccordement, f la flèche du ménisque, et d le poids spécifique absolu du mercure :

$$R' = \frac{R}{\cos \alpha},$$

$$f = R'(1 - \sin \alpha) = R \frac{1 - \sin \alpha}{\cos \alpha},$$

et

$$h = -\frac{2F \cos \alpha}{Rd}.$$

D'où la correction

$$h = \frac{4Ff}{d(f^2 + R^2)}.$$

On fait usage de tables à double entrée donnant h pour chaque valeur de f et de R.

———◦———

CHAPITRE VII.

ÉQUILIBRE DES GAZ.

241. Propriétés des gaz; conditions d'équilibre. — Les gaz ont à peu près les propriétés des liquides. Ils sont pesants, mais doués d'un poids spécifique très faible (on fait la tare d'un ballon vide, puis on laisse rentrer l'air). Ils sont très compressibles et très élastiques (briquet à air). Ils se distinguent des liquides par l'*expansibilité* (vessie dans le vide), qui leur fait exercer une pression sur leur enveloppe et sur les corps en contact avec eux. C'est là leur *pression* ou *force élastique*.

Toutes les conditions d'équilibre des liquides non contraires à l'expansibilité s'appliquent aux gaz : principes de Pascal et d'Archimède, théorèmes relatifs aux pressions. Mais, à cause du faible poids spécifique, la variation de la pression avec la hauteur peut souvent être négligée, quand la hauteur n'est pas considérable.

Au contraire, les énoncés relatifs à la surface libre, à la surface de séparation, aux vases communiquants, ne s'appliquent plus en général.

242. Principe d'Archimède. — On le vérifie par le *baroscope*, formé d'un fléau de balance qui porte deux sphères inégales se faisant équilibre dans l'air. Si on place l'appareil dans le vide, le fléau s'incline du côté de la sphère la plus grosse.

Aérostats (gonflés avec l'hydrogène ou le gaz d'éclairage); *montgolfières* (air chaud). Force ascensionnelle : différence entre le poids de l'air déplacé et le poids total de l'appareil.

Baromètres.

243. Pression atmosphérique. — L'atmosphère, en vertu de son poids, exerce une pression sur la surface du sol et sur les objets terrestres.

Expérience de Torricelli (1643); le mercure se maintient
8.

à 76 cm. environ. Comme, dans un liquide en équilibre, tous les points d'un même plan horizontal supportent la même pression, il en résulte que la pression de l'atmosphère est égale à celle d'une colonne de mercure de 76 cm. de hauteur.

Par centimètre carré cette pression est de

$$76 \times 13{,}596 = 1\,033{,}3 \text{ grammes-poids,}$$

ou, à Paris, de

$$76 \times 13{,}596 \times 980{,}96 = 13\,337 \text{ dynes.}$$

Crève-vessie. Hémisphères de Magdebourg.

Expériences de Pascal. — En employant des liquides différents, les hauteurs sont en raison inverse des densités. La hauteur du mercure dans le tube de Torricelli décroît à mesure qu'on s'élève dans l'atmosphère (expériences du Puy-de-Dôme, de la tour Saint-Jacques).

244. Construction d'un baromètre. — Il faut chasser complètement l'air et l'humidité : on fait bouillir le mercure, le tube incliné de 20° environ, successivement d'un bout à l'autre; on peut faire le vide à l'entrée pour empêcher l'oxydation du métal. On peut aussi remplir d'hydrogène sec, faire le vide et laisser entrer le mercure à travers une pointe fine, qui le filtre.

245. Baromètre de Regnault ou normal. — Sert à poste fixe. Tube large (pour éviter la correction capillaire). Cuvette en fonte; une vis à deux pointes est amenée au contact du liquide; on lit au cathétomètre ou avec deux microscopes (§ 179). Thermomètre dans un tube plein de mercure et de même diamètre que le baromètre.

246. Baromètre de Fortin. — Précis et transportable. Le fond de la cuvette est un sac en peau de chamois, qu'on peut élever ou abaisser au moyen d'une vis, pour amener le mercure au contact d'une pointe d'ivoire portée par le couvercle, et qui doit être exactement au zéro de la graduation (on le vérifie avec un cathétomètre). Le tube est fixé au couvercle de la cuvette par un morceau de peau de chamois, qui laisse s'exercer la pression atmosphérique. Une gaine de laiton, qui entoure le tube, est percée de deux fenêtres opposées, dont l'une porte la graduation sur un de ses bords; un curseur muni d'un vernier est déplacé jusqu'à ce que le zéro soit au niveau exact du mercure. Suspension de Cardan.

247. Baromètres à niveau constant. — Diverses autres dispositions peuvent servir à maintenir le niveau constant dans la cuvette. M. Alvergniat emploie comme cuvette une sorte d'éprouvette renversée, qui se visse plus ou moins sur le tube. La pointe d'ivoire est fixée à la pièce filetée qui entoure le tube.

Dans les baromètres ordinaires, on peut se servir d'un cylindre qu'on enfonce plus ou moins dans le mercure, ou d'une cuvette très large dans laquelle le liquide occupe toujours une hauteur très petite et constante.

248. Baromètres à siphon. — Tube recourbé dont la plus petite branche (cuvette) est ouverte. La différence des niveaux du mercure indique la pression atmosphérique. Comme le niveau dans la cuvette varie beaucoup, on trace deux graduations partant du milieu de la hauteur, et dont l'une va en montant, l'autre en descendant : la somme des divisions correspondant aux deux niveaux indique la pression.

Dans le *baromètre de Gay-Lussac* la cuvette et la chambre barométrique sont formées de deux morceaux d'un même tube, réunis par un tube capillaire. Gay-Lussac pensait supprimer ainsi la correction capillaire. *Bunten* a placé au milieu de la hauteur un petit renflement dans lequel la partie supérieure du tube se termine en une pointe extrêmement fine. L'air qui pourrait rentrer se loge dans le renflement autour de la pointe et n'influe pas sur la hauteur mercurielle.

249. Baromètre à cadran. — Baromètre à siphon muni d'un flotteur reposant sur le mercure de la cuvette. Ce flotteur est porté par un fil qui passe sur une poulie munie d'une aiguille et soutient à l'autre bout un contrepoids un peu plus léger. L'aiguille indique sur un cadran les variations de la pression atmosphérique.

250. Baromètres métalliques. — Fondés sur l'élasticité du laiton. *Baromètre Bourdon* : tube de laiton, de section lenticulaire, recourbé en cercle et fixé en son milieu. On a fait un vide partiel. Les deux extrémités, qui sont libres, se rapprochent quand la pression augmente et s'écartent lorsqu'elle diminue. Ces mouvements sont transmis à une aiguille.

Baromètre Vidi : boîte circulaire plate, fermée par un couvercle horizontal en maillechort présentant des ondulations circulaires. L'air est très raréfié à l'intérieur. Le couvercle s'abaisse quand la pression augmente, et se relève quand elle diminue. Les indications amplifiées sont transmises à une aiguille.

251. Baromètre à poids ou statique. — Samuel Moreland (1670). La cuvette est fixe, le tube suspendu au fléau d'une balance. L'équilibre établi pour une certaine pression, le fléau s'incline d'un angle proportionnel à la variation du poids du mercure soulevé au-dessus du niveau de la cuvette.

Magellan (1782) donne une plus grande sensibilité en augmentant le diamètre du tube dans sa partie supérieure. En ajoutant au bas du tube un manchon ouvert par le haut et un peu plus large que la chambre barométrique, le niveau dans la cuvette est invariable, et la sensibilité est d'autant plus grande que la différence des rayons de la chambre et du manchon est plus petite.

252. Nivellement barométrique. — 1° Supposons l'atmosphère homogène : soient h_0 et h les hauteurs barométriques, H_0 et H les hauteurs d'air au-dessus des deux stations,

$$\frac{H_0}{H} = \frac{h_0}{h} \qquad \text{et} \qquad \frac{H_0}{h_0} = \frac{13,596}{0,001293}.$$

D'où

$$z = H_0 - H = 10510(h_0 - h),$$

ce qui donnerait pour la hauteur totale de l'atmosphère environ 10 000 mètres.

2° *Formule de Halley*. — Tient compte de la variation de la densité avec l'altitude.

En passant de z à $z + dz$, la pression décroît de p à $p - dp$. dp est le poids d'un petit cylindre d'air de base 1 ; le poids spécifique de l'air est proportionnel à p, soit ap :

$$dp = - apdz.$$

D'où

$$l \cdot p = - az + C,$$
$$l \cdot p_0 = C.$$

La hauteur est donnée par

$$z = \frac{1}{a} l \cdot \frac{p_0}{p} = \frac{1}{0,431\,295.a} (\log h_0 - \log h)$$

(h_0 et h hauteurs barométriques).

On peut écrire

$$p = p_0 e^{-az},$$

ce qui montre que la pression décroît en progression géométrique quand la hauteur augmente en progression arithmétique.

3° *Formule de Laplace*.

$$z = 18336 \left[1 + 0,002(t_0 + t) \right] \left(1 + \frac{z}{R} \right) (1 + 0,00255 \cos 2\lambda) (\log h_0 - \log h)$$

(t_0 et t températures des stations, R rayon de la terre, λ latitude).

On résout par approximations successives.

Compressibilité et élasticité des gaz.

253. Loi de Mariotte. — Donnée simultanément par Mariotte et par Boyle vers 1670.

Les volumes occupés par une même masse gazeuse dont la

température reste invariable sont en raison inverse des pressions qu'elle supporte :

$$\frac{V}{V'} = \frac{H'}{H}$$

ou

$$VH = V'H'.$$

La masse restant constante, on a

$$VD = V'D'$$

(D et D' densités absolues).

D'où

$$\frac{D}{H} = \frac{D'}{H'} \cdot$$

A une température invariable, la densité d'un gaz est proportionnelle à la pression qu'il supporte.

254. Vérifications expérimentales. — 1° *Au-dessus de la pression atmosphérique.* — Tube de Mariotte : deux branches inégales, la petite fermée et divisée en centimètres cubes, la grande ouverte et divisée en centimètres. On verse un peu de mercure s'élevant au même niveau des deux côtés, puis on en ajoute assez pour réduire le volume de moitié : la différence des niveaux est d'environ 76 centimètres. Si on rendait le volume n fois plus petit, cette différence serait $n - 1$ fois 76 cm.

2° *Au-dessous de la pression atmosphérique.* — On place sur une cuve profonde un tube barométrique gradué et contenant un peu d'air, dont on mesure le volume sous la pression atmosphérique, c'est-à-dire quand les deux niveaux sont dans un même plan. Si on soulève le tube de façon à rendre le volume de l'air 2, 3, ... n fois plus grand, le mercure s'élève de $\frac{1}{2}, \frac{2}{3}, \dots \frac{n-1}{n}$ de 76 cm.

3° *Expériences différentielles.* — *Œrsted* et *Swendsen* (1826) constatent que l'acide sulfureux se comprime plus vite que l'air.

Despretz comprime les gaz dans des éprouvettes identiques placées sur le mercure au fond d'un cylindre plein d'eau et muni d'un piston à vis. L'acide sulfhydrique, l'ammoniac, le cyanogène, l'acide sulfureux, se compriment plus vite que l'air, l'hydrogène un peu moins vite. *Pouillet* obtient les mêmes résultats en comprimant l'air et un autre gaz dans deux tubes identiques, de 2 mètres de longueur, au moyen d'une pompe à vis.

255. Expériences de Dulong et Arago. — Grand tube de Mariotte. La branche fermée a 2 mètres; elle porte une règle de cuivre divisée pour mesurer les volumes et est entourée d'un courant d'eau froide. La grande branche est formée de 13 tubes en cristal, de 2 mètres de longueur, réunis par des viroles de fer serrées par des écrous et équilibrés par des contrepoids. Ces tubes portent des repères fixés aux viroles. Pour mesurer la hauteur du mercure, on applique le zéro d'une règle de cuivre divisée et munie d'un vernier au repère le plus voisin du niveau. Une pompe placée entre les deux tubes refoule le mercure.

Ils n'ont opéré que sur l'air et ont trouvé que, jusqu'à 26 atmosphères, il suit sensiblement la loi de Mariotte. Cependant tous les résultats indiquent une compressibilité un peu trop grande, et il faut remarquer que la sensibilité va en diminuant, le volume devenant d'autant plus petit que la pression est plus considérable.

256. Expériences de Regnault. — Regnault emploie un appareil analogue, mais une méthode différente. La petite branche porte à la partie supérieure un robinet, par lequel on introduit le gaz. Chaque masse gazeuse ne sert qu'à une seule expérience. On lui fait occuper d'abord la branche fermée entière, puis la moitié environ, et l'on mesure les pressions. On recommence ensuite avec des masses de gaz différentes. La branche fermée a 3 mètres de hauteur et porte une division en millimètres; elle est jaugée avec soin, et entourée d'un courant d'eau froide. La branche ouverte est formée de tubes de cristal de 3 m., reliés par des colliers à gorge. L'appareil était dans une tour de 12,50 m. et s'élevait à une hauteur totale de 24 m. Dans la tour, on mesurait les hauteurs au cathétomètre, en partant des repères, qui étaient distants d'environ 95 cm. Au-dessus de la tour, les tubes étaient divisés en millimètres. La pompe était en dehors des deux tubes et séparée d'eux par un bon robinet, pour empêcher les oscillations du mercure.

Corrections : 1° ramener les hauteurs de mercure à 0°; 2° tenir compte de la décroissance de densité avec la hauteur; 3° tenir compte de la décroissance de la pression atmosphérique. On avait constaté que la branche fermée ne changeait pas de volume par la pression.

Résultats. —Pour tous les gaz, sauf l'hydrogène, $\dfrac{V_0 H_0}{VH} > 1$;

ils sont donc trop compressibles, l'hydrogène seul l'est moins que ne l'indique la loi.

Regnault représente ces résultats par la courbe

$$y = \frac{V_0}{V} x - 1,$$

où

$$x = \frac{H_0}{H}.$$

La loi de Mariotte est alors représentée par l'axe des x. Il emploie aussi la formule empirique

$$\frac{VH}{V_0 H_0} = 1 + A\left(\frac{V_0}{V} - 1\right) + B\left(\frac{V_0}{V} - 1\right)^2.$$

257. Expériences relatives aux très fortes pressions. — Natterer a comprimé les gaz permanents jusqu'à 2790 atmosphères.

M. Cailletet s'est servi notamment d'un tube de Mariotte dont la petite branche est un tube de verre doré intérieurement et enfermé dans un tube d'acier que soutient un fil gradué du même métal; la grande branche est un tube d'acier flexible. On descend l'appareil dans un puits de 500 mètres (Butte-aux-Cailles). La hauteur du mercure dans la branche ouverte est donnée par le fil gradué, le volume du gaz par la hauteur jusqu'à laquelle le mercure a dissous l'or.

Pour l'azote, le produit VH présente un minimum vers la pression de 60 mètres.

258. Expériences relatives aux températures élevées. — *Regnault* se servait de l'étude des densités et pesait un ballon plein de gaz à différentes pressions. M. *Amagat* a opéré directement de 100° à 320° entre 1 et 2 atmosphères. A ces températures, les gaz se rapprochent davantage de la loi : ainsi l'acide carbonique vers 100° et l'acide sulfureux vers 200° la suivent exactement.

Manomètres.

Servent à mesurer la force élastique des gaz et des vapeurs.

259. Manomètre à air libre. — A l'avantage de présenter une sensibilité constante à toutes les pressions. Se compose d'un tube en U contenant du mercure. La pression cherchée est égale à celle de l'atmosphère ± la différence des niveaux du mercure. Le manomètre de Regnault, avec robinet à trois voies, sert dans le voisinage de la pression atmosphérique. Pour ces valeurs de la pression, lorsqu'on veut plus de sensibilité, on peut remplacer le mercure par un liquide moins dense.

Manomètre différentiel de Kretz. — Donne une variation de niveau encore plus grande qu'un manomètre à eau. Se compose de deux vases de section S, reliés par un tube en U de section s, et contenant deux liquides de poids spécifiques absolus d et d' faibles et peu différents, incapables de se mélanger. Sous la pression atmosphérique H, on a

$$hd = h'd'.$$

En faisant agir sur le premier liquide, le plus dense, un gaz de force élastique $H + x$, la surface de séparation s'élève de y, et les deux niveaux supérieurs se déplacent de $\frac{s}{S} y$.

$$H + x + \left(h - y - \frac{s}{S} y \right) d = H + \left(h' - y + \frac{s}{S} y \right) d'.$$

En tenant compte de la première équation, il vient

$$x = y\left[d - d' + \frac{s}{S}(d + d')\right].$$

Pour augmenter le déplacement y qui sert à mesurer x, il faut diminuer $d + d'$, $d - d'$ et $\frac{s}{S}$.

Pressions très élevées. — Le manomètre à air libre est alors encombrant : on peut quelquefois l'enterrer en partie dans le sol, ou se servir d'un flotteur reposant sur le mercure.

Manomètre à détente de Regnault. — Permet de mesurer avec un manomètre à air libre des pressions supérieures à sa hauteur. On fait communiquer le gaz avec un cylindre dans lequel il se répand ; cette détente amène sa pression à une valeur plus faible, qu'on mesure avec un manomètre à air libre.

Manomètre à colonnes multiples. — Sert pour les fortes pressions ; il conserve l'avantage de la constance de la sensibilité, mais diminue la différence de niveau pour une pression donnée et rend ainsi l'appareil moins encombrant.

Il se compose d'un tube replié en une série de branches parallèles, qui contiennent deux liquides superposés de poids spécifiques d et d'. Sous la pression atmosphérique, les surfaces de séparation sont à la même hauteur dans toutes les branches intermédiaires, et le liquide inférieur s'élève un peu plus haut dans les branches extrêmes, pour maintenir l'équilibre. Si le gaz est à la pression $H + x$, ou a

$$x = y[2n(d - d') + 2d']$$

(y déplacement du niveau mercuriel, n nombre des courbures inférieures du tube).

On peut diminuer y à volonté en augmentant n ou $d - d'$.

Manomètre de M. Cailletet. — Cet appareil, installé à la tour Eiffel en 1891, peut mesurer des pressions d'environ 300 mètres de mercure. Il est formé d'un tube de fer qui suit le profil de la tour, et dans lequel on refoule le mercure à l'aide d'une pompe. Des tubes de verre, commandés par des robinets et placés de 3 en 3 mètres, servent pour les lectures.

Pressions inférieures à une atmosphère. — On se sert surtout du manomètre barométrique, composé de deux baromètres dont l'un reçoit le gaz. La pression est égale à la différence des niveaux.

260. Manomètre à air comprimé. — Se compose d'un tube en U dont une des branches est fermée et contient de l'air. La pression cherchée est égale à la force élastique de l'air comprimé plus la différence des niveaux du mercure. On gradue par comparaison avec un manomètre à air libre, ou en s'appuyant sur la loi de Mariotte.

1° Supposons le niveau invariable dans la branche où arrive le gaz. L'air intérieur occupe d'abord une longueur l sous la pression atmosphérique H, puis x quand le gaz introduit possède une pression H' :

$$lH = x\,[H' - (l - x)].$$

La racine négative ne convient pas.

2° Si l'on tient compte du déplacement du mercure dans la branche qui reçoit le gaz, s et S étant les surfaces,

$$lH = x\left[H' - (l - x)\left(1 + \frac{s}{S}\right)\right].$$

La sensibilité décroît à mesure que la pression augmente. Il est bon de prendre un tube conique (pour avoir une sensibilité constante, il faudrait un tube de profil hyperbolique).

261. Manomètre métallique. — Tube creux, analogue à celui du baromètre Bourdon, enroulé en cercle et portant une aiguille à l'extrémité fermée. Le gaz pénètre par l'autre bout, et le tube tend à se redresser d'autant plus que la pression est plus forte : ce changement de courbure fait tourner l'aiguille. On gradue par comparaison avec un manomètre à air libre et, pour les fortes pressions, à l'aide d'une presse hydraulique et d'une soupape chargée de poids.

262. Voluménomètre. — Indique le volume d'un solide qu'on ne peut mettre en contact avec les liquides ; en mesurant la masse, on a la densité absolue. Cet instrument se compose d'un petit ballon, relié par un collier à gorge avec un manomètre à air libre, dont la petite branche porte un renflement situé entre deux traits a et b comprenant un volume v. Soit V le volume du ballon jusqu'au trait supérieur a, x celui du corps. On verse du mercure jusqu'en a sous la pression atmosphérique H ; on le fait écouler jusqu'en b (le ballon étant fermé) et l'on mesure la différence h des niveaux :

$$(V - x)H = (V - x + v)(H - h).$$

On jauge v au mercure et l'on mesure V en faisant une opération à vide.

263. Loi du mélange des gaz. — *La force élastique d'un mélange de deux ou plusieurs gaz, sans action chimique les uns sur les autres, est égale à la somme des forces élastiques qu'auraient ces gaz, si chacun d'eux occupait seul le volume total.*

$$VH = V_1 H_1 + V_2 H_2 + V_3 H_3 + \ldots$$

(V_1, V_2, V_3, … volumes des divers gaz sous les pressions H_1, H_2, H_3, etc., V volume du mélange, H pression totale).

Cette loi, due à Dalton, a été vérifiée par Berthollet en superposant deux ballons pleins l'un d'hydrogène, l'autre d'acide carbonique. La pression ne change pas.

Regnault a montré que la loi est exacte, même aux pressions ordinaires, pour les mélanges de gaz qui ne suivent pas la loi de Mariotte. M. Andrews et M. Cailletet ont vu qu'il n'en est plus de même pour les pressions très élevées.

CHAPITRE VIII.

MACHINES PNEUMATIQUES ET POMPES.

264. Principe de la machine pneumatique ordinaire. — Otto de Guéricke (1650). Elle se compose essentiellement d'un corps de pompe cylindrique renfermant un piston et communiquant avec le récipient R dans lequel on veut faire le vide. Deux soupapes s'ouvrant de bas en haut sont placées l'une a à la base du corps de pompe, l'autre b à la partie inférieure d'un conduit qui traverse le piston. Quand on soulève le piston, l'air du récipient pénétre dans le corps de pompe par a, qui s'ouvre automatiquement ; quand on abaisse le piston, l'air enfermé dans le corps de pompe ouvre par sa pression la soupape b et s'échappe dans l'atmosphère.

265. Limite de vide ; espace nuisible. — Soient H_0, H_1, …. H_n les forces élastiques au commencement et après $1,…$ n coups de piston, R et C les volumes du récipient et du corps de pompe :

$$RH_0 = (R + C) H_1.$$

De même

$$H_n = \left(\frac{R}{R + C}\right)^n H_0.$$

La force élastique ne deviendrait jamais nulle, mais pourrait être rendue aussi petite qu'on voudrait par un nombre de coups de piston suffisant.

Mais le piston ne touche jamais exactement la base du corps de pompe (*espace nuisible*). La limite de vide f est atteinte quand la masse d'air qui occupe C sous la pression f peut être réduite à l'espace nuisible u sous la pression atmosphérique H :

$$Cf = uH,$$

ou

$$f = \frac{u}{C} H.$$

De plus, la pression f est une limite qui ne peut être atteinte qu'après un nombre infini de coups de piston. En effet, en tenant compte de u, on a

$$RH_0 + uH = (R + C)H_1.$$

D'où

$$H_1 = \frac{R}{R+C}H_0 + \frac{u}{R+C}H,$$

et de même jusqu'à

$$H_n = \frac{R}{R+C}H_{n-1} + \frac{u}{R+C}H.$$

En éliminant [1] $H_1,\dots H_{n-1}$, il vient

$$H_n = \frac{u}{C}H + \left(\frac{R}{R+C}\right)^n\left[H_0 - \frac{u}{C}H\right].$$

Influence des rentrées d'air autour des soupapes et des pistons.

266. Description. — Machine à deux corps de pompe (pour équilibrer la pression atmosphérique). Les pistons sont mus par une double manivelle et une roue dentée. Chaque soupape a est portée par une tige qui traverse le piston à frottement dur et qui est arrêtée par le couvercle du corps de pompe dès que a s'est légèrement soulevée. La pression est donnée par un petit baromètre à siphon tronqué. Robinet avec conduit coudé pour la rentrée d'air.

Dispositif de Babinet pour reculer la limite de vide : l'un des corps de pompe B fait le vide dans l'espace nuisible de l'autre corps A, qui peut alors continuer à puiser l'air dans le récipient. La limite de vide devient

$$\frac{u}{C}\frac{u'}{C'}H,$$

1. Cette élimination se fait en multipliant les équations par

$$\left(\frac{R}{R+C}\right)^{n-1},\ \dots\ \frac{R}{R+C},\ 1,$$

et additionnant.

ou sensiblement

$$\frac{u^2}{C^2} H.$$

267. Autres machines pneumatiques. — Dans la machine de Kravogl, les pistons sont manœuvrés par la partie inférieure et sont surmontés de mercure, qui vient baigner la soupape d'échappement de l'air, afin d'éviter l'espace nuisible.

La machine de Bianchi n'a qu'un corps de pompe, mais elle est à double effet : le haut et le bas du corps de pompe communiquent alternativement avec le récipient et avec l'atmosphère. Le corps de pompe oscille, et le piston est mû par une manivelle à laquelle on donne un mouvement de rotation.

La machine de Deleuil est aussi à un seul corps de pompe et à double effet : le piston est en cuivre plein et assez long ; il présente sur sa surface latérale des rainures circulaires, et son diamètre est inférieur à celui du cylindre d'environ 0,04 mm. ; il est très bien ajusté et fait bien le vide, à cause de la difficulté qu'éprouve le gaz à circuler dans l'espace annulaire qui l'entoure. Le piston est mû par un engrenage de Lahire.

La pompe à mercure donne un excellent vide. Un réservoir A communique à la partie supérieure avec l'atmosphère et avec le récipient R ; il porte à la partie inférieure un tube d'environ 80 cm., au bas duquel est fixé un tuyau de caoutchouc, qui aboutit à un autre réservoir B, ouvert librement.

Lorsque ce réservoir B est au bas de l'appareil, l'air du récipient est aspiré en A ; quand on soulève B jusqu'à la partie supérieure, le gaz est rejeté au dehors.

268. Machines de compression. — On peut se servir de la machine pneumatique en renversant le sens des soupapes et en ajoutant un manomètre à air comprimé. Cet appareil est fort peu employé.

On se sert parfois d'une petite pompe avec piston plein, ayant vers le haut un orifice a et à la base une autre ouverture b, munie d'une soupape s'ouvrant vers l'extérieur. Le gaz entre par a quand le piston est au haut de sa course et se trouve chassé par b à mesure qu'il descend.

On emploie surtout une pompe ayant les deux orifices a et b à la base et munis de soupapes qui s'ouvrent, la première vers l'intérieur, la seconde vers l'extérieur.

Si l'on suppose que le gaz soit puisé dans un récipient illimité, à pression constante H, la pression H_1 dans le récipient après un coup de piston est donnée par [1]

$$CH + RH_0 = RH_1.$$

D'où

$$H_1 = H_0 + \frac{C}{R} H,.$$

et de même

$$H_n = H_0 + n \frac{C}{R} H.$$

La pression augmente en progression arithmétique et par suite croît indéfiniment.

L'influence de l'espace nuisible établit une pression limite F; car le gaz cesse d'entrer dans le récipient lorsque, en réduisant son volume de C à u, on augmente sa pression de H à F :

$$CH = uF.$$

D'où

$$F = \frac{C}{u} H.$$

Cette limite n'est atteinte qu'après un nombre infini de coups de piston. En effet, en tenant compte de l'espace nuisible, on a

$$CH + RH_0 = (R + u) H_1.$$

D'où

$$H_1 = \frac{R}{R + u} H_0 + \frac{C}{R + u} H,$$

et de même jusqu'à

$$H_n = \frac{R}{R + u} H_{n-1} + \frac{C}{R + u} H.$$

1. Mêmes notations que pour la machine pneumatique.

En éliminant comme plus haut (§ 265), on a

$$H_n = \frac{C}{u} H - \left(\frac{R}{R+u} \right)^n \left(\frac{C}{u} H - H_0 \right).$$

Pompes élévatoires.

269. Pompe aspirante. — Se compose d'un corps de pompe disposé comme dans la machine pneumatique, et de la partie inférieure duquel part un *tuyau d'aspiration* plongeant dans le liquide. L'appareil fait d'abord le vide dans ce tuyau, et, par suite de l'abaissement de pression, l'eau s'élève jusqu'à la soupape a. Si on continue à pomper, elle pénètre dans le cylindre, passe au-dessus du piston quand il redescend, et se déverse au dehors quand il remonte ensuite.

270. Hauteur limite du tuyau d'aspiration. — Il est évident que la hauteur h du tuyau d'aspiration ne doit pas dépasser 10,33 m. (pression atmosphérique en colonne d'eau). Mais l'espace nuisible diminue encore cette limite. En effet, supposons que l'eau ne monte plus : l'air qui remplit l'espace nuisible u se répand dans le corps de pompe C sous une pression x telle que

$$uH = Cx.$$

Puisque l'eau ne monte plus, on a

$$h + x = H.$$

D'où

$$h = H \left(1 - \frac{u}{C} \right).$$

Influence des rentrées d'air, de l'air dissous dans l'eau.

On peut élever l'eau à une hauteur quelconque en ajoutant au haut de la pompe un *tuyau élévatoire*.

271. Pompe foulante. — Le piston est plein; le corps de pompe plonge dans l'eau et porte une soupape d'aspiration a s'ouvrant vers l'intérieur; un tuyau de refoulement, partant de la base, porte une soupape qui s'ouvre vers l'ex-

9.

térieur. L'eau est aspirée quand le piston monte et refoulée par le tuyau lorsque le piston descend.

La *pompe aspirante et foulante* est une pompe foulante munie d'un tuyau d'aspiration.

La *pompe à incendie* se compose de deux pompes foulantes accouplées, qui envoient l'eau alternativement dans un réservoir à air comprimé; la pression de l'air fait jaillir le liquide par un tube partant du bas du récipient. Cette disposition régularise le jet et lui permet d'atteindre une plus grande distance.

272. Presse hydraulique. — Une petite pompe aspirante et foulante envoie l'eau dans un cylindre que remplit un gros piston plongeur; la pression du liquide pousse ce piston, qui peut soulever un fardeau ou comprimer un corps contre un plancher en fonte, solidement fixé au-dessus de lui.

Cuir embouti de Bramah. Presse de Desgoffes : on achève de comprimer en faisant entrer un cylindre d'acier dans le gros corps de pompe.

CHAPITRE IX.

HYDRODYNAMIQUE.

273. Principe de Torricelli. — *La vitesse d'un liquide s'écoulant à travers un orifice pratiqué en mince paroi est normale à la paroi et égale à celle que prendrait un corps solide en tombant d'une hauteur h égale à la distance de la surface libre au centre de gravité de l'orifice.*

On nomme vitesse d'écoulement la longueur que parcourrait en une seconde une molécule du liquide, si elle continuait à se mouvoir d'un mouvement uniforme après avoir franchi l'orifice. On a

$$v = \sqrt{2gh}.$$

Si la surface libre et l'orifice supportent des pressions différentes (H et H' en colonnes du liquide), la vitesse devient

$$v = \sqrt{2g\,(h + \mathrm{H} - \mathrm{H}')}.$$

Vérifications expérimentales. — Si l'orifice est pratiqué dans une paroi verticale, le jet a la forme d'une parabole, car une molécule parcourt horizontalement

$$x = t\sqrt{2gh},$$

et verticalement

$$y = \frac{1}{2}gt^2.$$

En éliminant t, on a la trajectoire

$$x^2 = 4hy.$$

Cas d'une paroi inclinée ou horizontale. Jet d'eau vertical.

274. Dépense ; contraction de la veine. — La dépense est le volume de liquide qui s'échappe de l'orifice. En un temps t, si s est la section, la dépense est svt.

L'expérience donne environ 0,62 de cette dépense théorique, parce que la veine se contracte.

275. Trompes. — Lorsqu'un liquide s'écoule dans un tube présentant une partie rétrécie, il se produit en ce point une diminution de pression, et, si l'on y pratique un orifice communiquant avec un récipient, l'air de ce récipient est aspiré et rejeté au dehors. C'est le principe des trompes. La trompe à eau se compose de deux troncs de cône verticaux dont les petites bases sont en regard ; l'air est aspiré entre ces deux bases. L'appareil est souvent utilisé comme machine soufflante.

La trompe de Sprengel, employée dans les laboratoires, est à mercure. Le liquide passe dans une série de tubes où il se débarrasse des bulles d'air et acquiert une vitesse convenable ; puis il passe devant l'orifice du récipient, dont il entraîne l'air bulle par bulle dans un tube vertical étroit. Cet appareil fait le vide lentement, mais d'une manière continue et avec une grande perfection.

276. Siphon. — Tube recourbé à deux branches inégales, servant à transvaser les liquides. Soient h et h' les hauteurs verticales des deux branches, H la pression atmosphérique (en colonne du liquide). La différence des pressions dans les deux branches à la même hauteur est $h' - h$, et la vitesse d'écoulement

$$v = \sqrt{2g\,(h' - h)}.$$

Si les pressions (H et H') sont inégales aux deux extrémités, on a

$$v = \sqrt{2g\,(h' - h + H - H')},$$

ou

$$v = \sqrt{2g\,(h' - h)\left(1 - \frac{a}{d}\right)}$$

(a et d poids spécifiques absolus du milieu ambiant et du liquide).

Si $a > d$, le liquide passe du vase le plus bas dans le plus élevé (transvaser de l'huile dans une atmosphère d'eau).

Amorcement du siphon : 1° en aspirant; 2° en remplissant et retournant le tube. Siphons avec tube latéral pour aspirer, avec entonnoir pour les acides.

Écoulement constant : la petite branche est soutenue par un flotteur, et la grande s'ouvre librement dans l'air.

Vase de Tantale. Fontaines intermittentes naturelles.

277. Flacon de Mariotte. — Donne un écoulement à vitesse constante. Le bouchon du flacon est traversé par un tube droit ouvert aux deux bouts. On remplit d'eau

$$v = \sqrt{2gh}.$$

(h distance verticale du centre de l'orifice à l'extrémité inférieure du tube).

Flacon à trois orifices.

278. Fontaine intermittente. — Vase fermé A dont l'eau s'écoule par trois petits orifices aaa; l'air rentre par un tube vertical BC, dont l'extrémité inférieure s'ouvre au fond d'un large entonnoir qui reçoit l'eau de aaa. Cette eau coule ensuite par un orifice b dans un réservoir inférieur; mais, comme le débit de b est inférieur à celui de aaa, l'eau s'accumule dans l'entonnoir et ferme BC. L'écoulement de aaa s'arrête et reprend quand l'eau, en passant dans le réservoir inférieur, a rouvert l'orifice du tube vertical.

279. Fontaine de Héron. — Une boule A pleine d'eau communique par le haut avec une autre boule B, pleine d'air et placée plus bas. On verse dans un entonnoir C, qui est un peu au-dessus de A, de l'eau qui coule dans B, dont l'air comprimé chasse l'eau de A par un tube effilé partant du bas de cette boule.

Application pour élever l'eau des mines.

CHALEUR

CHAPITRE I.

THERMOMÉTRIE.

280. Effets généraux de la chaleur. — Changements de volume et changements d'état.

Dilatation des solides : 1° linéaire (pyromètres à talon et à cadran) ; 2° cubique (anneau de S'Gravesande).

Dilatation des liquides (ballon rempli de liquide coloré) et des gaz (ballon muni d'un tube renfermant un index de mercure).

Quand le corps ne peut pas se dilater librement, la chaleur produit un accroissement de pression : appareil Tommasi. Ballon plein d'air et muni d'un tube droit qui plonge au fond dans un peu de liquide.

Thermométrie.

281. Définition. — Les corps peuvent produire sur les organes du toucher une sensation différente, que nous qualifions en disant qu'ils ont une température plus ou moins élevée. Cette notion étant insuffisamment précise et parfois même inexacte, on estime les changements de température des corps par leurs changements de volume. Mais, comme il est généralement impossible de voir les variations de volume des corps de forme quelconque, on se sert d'un corps appelé *thermomètre*, qui doit avoir une forme telle que sa dilatation soit facile à observer et une masse assez petite pour ne pas altérer la température des objets avec lesquels on le met en contact. Si un corps A fait prendre au thermomètre un plus grand volume qu'un autre corps B, c'est que A possède une température plus élevée que B.

On prend deux points fixes : la température de fusion de la

glace et celle d'ébullition de l'eau sous la pression de 76 cm. (0° et 100°). L'unité de température ou *degré centigrade* est la variation de température qui fait éprouver au thermomètre la centième partie du changement de volume qu'il subit en passant de la température de la glace fondante à celle de la vapeur d'eau bouillante.

282. Choix de la substance thermométrique. — Outre leur faible dilatation, les solides ont l'inconvénient de subir des changements continuels de structure moléculaire : leurs indications ne resteraient donc pas *comparables*. Ils auraient l'avantage de donner des indications rapides, à cause de leur faible chaleur spécifique.

Les gaz conviennent parfaitement, à cause de leur grande dilatation; mais ils sont réservés aux usages scientifiques, parce qu'il faut tenir compte de la pression.

Parmi les liquides, le mercure a les avantages suivants : constance de composition chimique ; régularité de sa dilatation, ce qui le rend comparable au thermomètre à air dans des limites assez larges; conductibilité et faible chaleur spécifique, ce qui rend les indications rapides. Mais sa dilatation est faible, de sorte que l'influence de l'enveloppe n'est pas négligeable et que les thermomètres remplis de ce liquide ne sont absolument comparables que s'ils sont formés du même verre.

283. Construction du thermomètre à mercure. — On prend un tube capillaire terminé d'un côté par un réservoir cylindrique ou sphérique et de l'autre par une ampoule à pointe effilée. On fait *bouillir* le mercure dans le réservoir pour chasser l'air. Quand l'appareil est plein de liquide, on en laisse une quantité suffisante pour remplir presque toute la tige à la température la plus élevée qu'on veuille atteindre, et on ferme à la lampe.

On marque le zéro en plaçant le thermomètre dans un entonnoir rempli de glace fondante et le point 100 dans une étuve à double paroi, contenant à la partie inférieure de l'eau bouillante.

284. Autres échelles thermométriques. — Graduation Réaumur : 0° pour la glace fondante et 80° pour la vapeur d'eau bouillante. Lorsqu'un thermomètre R. marque t°, le thermomètre C. indique $\frac{5}{4} t$°.

Graduation Fahrenheit : 32° pour la glace fondante et 212° pour la vapeur d'eau bouillante. La température t° F. équivaut à $\frac{5}{9} (t - 32)$ degrés C.

285. Déplacement des points fixes. — Ces points se déplacent peu à peu, par suite des variations lentes d'état moléculaire que subit le réservoir de verre. Le déplacement étant à peu près le même pour les deux points, il suffit de vérifier le zéro assez fréquemment.

286. Thermomètre de précision. — On prend un tube capillaire et on vérifie s'il est à peu près cylindrique en y promenant une bulle de mercure. On le partage en divisions arbitraires, par exemple en millimètres, et l'on jauge ces divisions au mercure ; puis on souffle un réservoir à l'une des extrémités et on remplit l'appareil comme nous l'avons dit plus haut.

287. Sensibilité du thermomètre. — Il y en a deux espèces : l'une consiste à donner des indications rapides (petit réservoir), l'autre à mesurer de très petites variations de température ; cette dernière exige des degrés très longs et, si cela ne suffit pas, un gros réservoir : elle est donc incompatible avec la première.

288. Thermomètres à maxima et à minima. — Le thermomètre à minima de *Rutherford* est un thermomètre à alcool horizontal, renfermant un index d'émail, qui est mouillé par le liquide et ne peut pas en sortir. L'extrémité de l'index la plus éloignée du réservoir fait connaître le minimum.

Le thermomètre à maxima de *Negretti* est un thermomètre à mercure horizontal, portant, à l'entrée de la tige, un petit obstacle qui laisse le mercure sortir du réservoir, mais l'empêche d'y rentrer en détruisant la cohésion des deux masses de liquide : l'appareil reste donc au maximum.

CHAPITRE II.

DILATATIONS.

Dilatation des solides.

289. Définitions et formules générales. — Soit k_t l'accroissement de l'unité de volume de 0° à t°. On a

$$V = V_0 (1 + k_t)$$

(V_0 et V volumes d'un solide à 0° et t°).

Le coefficient moyen de dilatation cubique de 0° à t° est

$$k = \frac{k_t}{t} = \frac{V - V_0}{V_0 t}.$$

Coefficient vrai à t° : $\dfrac{1}{V_0} \dfrac{dV}{dt}$.

Si on a

$$V = f(t),$$

on tire pour le coefficient vrai la valeur

$$\frac{1}{V_0} f'(t).$$

Si l'on passe de t° à t'°

$$\frac{V'}{V} = \frac{1 + k_{t'}}{1 + k_t},$$

ou, en se bornant aux coefficients moyens,

$$\frac{V'}{V} = 1 + k (t' - t).$$

Soient D et D′ les densités absolues à t^o et t'^o,

$$VD = V'D'.$$

D'où

$$D(1 + kt) = D'(1 + kt').$$

On définit d'une manière analogue les coefficients linéaires vrai et moyen, et l'on a pour les longueurs

$$l = l_0(1 + \lambda t),$$
$$\frac{l'}{l} = \frac{1 + \lambda t'}{1 + \lambda t} = 1 + \lambda (t' - t).$$

Les coefficiens cubique et linéaire sont évidemment fonctions l'un de l'autre : on a en effet sensiblement

$$k_t = 3\lambda_t,$$

ou

$$k = 3l.$$

290. Mesure du coefficient de dilatation linéaire. — *Lavoisier* et *Laplace* (1782) emploient une sorte de pyromètre à levier : la grande branche du levier est constituée par l'axe optique d'une petite lunette astronomique visant une règle graduée verticale. La longueur lue sur cette règle est égale à 744 fois la dilatation. Les erreurs de lecture sont divisées par 744 ; malheureusement ce nombre n'était pas connu avec une certitude suffisante.

Roy et *Ramsden* (1783) placent la règle étudiée entre deux autres règles qui lui sont parallèles. Le tout étant à 0°, un système d'index, qui forme une petite lunette visant une croisée de fils, permet de s'assurer à chaque bout de l'appareil que les extrémités des trois règles sont bien en ligne droite. Les deux règles extrêmes étant maintenues à 0°, la règle étudiée est seule chauffée : une de ses extrémités reste fixe ; l'autre se déplace d'une quantité qu'on pourrait mesurer en ramenant l'index qu'elle porte à sa première position au moyen d'une vis micrométrique. Dans l'appareil primitif, on mesurait le déplacement de l'image dans la petite lunette et l'on tarait l'appareil en visant d'abord une graduation transparente.

On se sert aujourd'hui, au Bureau international des Poids

et Mesures, d'un comparateur déjà décrit (§ 180); la règle est portée aux températures T et T' entre lesquelles on veut étudier la dilatation, et comparée chaque fois avec un étalon du mètre, maintenu dans l'eau froide à t^o et t'^o.

Dulong et *Petit* ont employé une méthode différentielle ingénieuse. Deux règles, de métaux différents, sont fixées parallèlement par une de leurs extrémités et portent à l'autre bout, la première une réglette divisée, la seconde un vernier. Si l'on connait la dilatation de l'une des règles, le déplacement du vernier fait connaître celle de l'autre. C'est surtout un bon procédé pour connaître la température des règles.

291. Mesure du coefficient de dilatation cubique. — Dulong et Petit se sont servis du thermomètre à poids : la méthode sera indiquée plus loin (§ 297).

Résultats. — La dilatation linéaire ou cubique des corps solides non cristallisés peut être représentée avec une exactitude suffisante par une formule parabolique à deux termes

$$at + bt^2.$$

Les coefficients moyens sont tous très faibles et varient avec l'état physique et les actions mécaniques exercées.

292. Dilatation des cristaux. — Expériences de Fizeau. Il y a toujours trois droites (directions principales) qui restent rectangulaires; prenons-les pour axes de coordonnées; considérons une droite OM' de longueur l' et supposons qu'elle s'allonge, sans changer de direction. A 0°, on a

$$x = l\cos a, \qquad y = l\cos\beta, \qquad z = l\cos\gamma,$$
$$l^2 = x^2 + y^2 + z^2.$$

A t^o, si a, b, c sont les coefficients de dilatation principaux, la longueur l devient l' :

$$l'^2 = x^2(1+a)^2 + y^2(1+b)^2 + z^2(1+c)^2.$$

D'où

$$\frac{l'^2 - l^2}{l^2} = 2\,(ax^2 + by^2 + cz^2),$$

en négligeant les puissances supérieures de a, b, c. On peut écrire

$$2\frac{l'-l}{l} = 2(a\cos^2\alpha + b\cos^2\beta + c\cos^2\gamma).$$

En appelant λ le coefficient linéaire suivant la direction OM, on a

$$\lambda = a\cos^2\alpha + b\cos^2\beta + c\cos^2\gamma.$$

Le coefficient cubique

$$k = a + b + c,$$

et le coefficient moyen est $\dfrac{k}{3}$. On peut mesurer ce dernier directement, en prenant $\alpha = \beta = \gamma = 54°44'$. On peut aussi avoir a, b, c, soit directement, soit en mesurant λ dans trois directions.

Fizeau mesurait ces coefficients par un procédé optique (anneaux de Newton).

Système cubique : $a = b = c$; $k = 3a$.

Cristaux uniaxes : $b = c$;

$$\lambda = a\cos^2\alpha + b\sin^2\alpha.$$

λ ne dépend que de l'angle α avec l'axe optique.

Cristaux biaxes : les trois coefficients sont différents.

Quelques cristaux ont un maximum de densité. D'autres présentent des dilatations négatives suivant certaines directions.

Dilatation des liquides.

293. Définitions. — Les coefficients moyens et vrais de dilatation *absolue* des liquides se définissent comme les coefficients cubiques des solides.

Dilatation *apparente* : si, dans un vase gradué, un liquide occupe N divisions de volume v à $0°$ et $N + n$ à $t°$, la dilatation apparente est

$$\delta_t = \frac{n}{N}.$$

Cela revient à supposer que le vase ne se dilate pas.

Il y a évidemment une relation entre la dilatation absolue Δ_t, la dilatation apparente δ_t et la dilatation cubique k_t de l'enveloppe. Quand on porte le liquide, considéré plus haut à t^o, son volume devient $Nv(1 + \Delta_t)$; le volume du verre qu'il remplit est $(N + n)v(1 + k_t)$,

$$N(1 + \Delta_t) = (N + n)(1 + k_t),$$

ou

$$1 + \Delta_t = (1 + \delta_t)(1 + k_t).$$

D'où l'on tire, en négligeant $\delta_t \times k_t$,

$$\Delta_t = \delta_t + k_t.$$

Les formules générales du § 289 s'appliquent aussi à la dilatation apparente.

294. Mesure de la dilatation absolue du mercure. — *Dulong* et *Petit* ont donné une méthode ingénieuse (1817), qu'ils ont appliquée au mercure. Soient deux vases communiquants remplis de mercure, qui est maintenu à 0° dans l'un et à T^o dans l'autre; soient D_0 et D les densités absolues, h_0 et h les hauteurs, m_T la dilatation absolue :

$$\frac{h}{h_0} = \frac{D_0}{D} = 1 + m_T.$$

D'où

$$m_T = \frac{h - h_0}{h_0}.$$

Les deux tubes ont 55 cm. de hauteur; ils sont très étroits dans toute leur moitié inférieure; le tube de communication est capillaire; on le rend parfaitement horizontal au moyen de deux niveaux à bulle d'air. La température T du manchon plein d'huile qui entoure l'un des tubes est donnée par un thermomètre à poids et par un thermomètre à air. On lit les hauteurs au cathétomètre, après avoir ajouté dans la branche froide un peu de mercure à 0°, pour faire apparaître les niveaux au-dessus des manchons.

Résultats. — Ils ont calculé le coefficient moyen m pour diverses limites de températures; de 0° à 100°, $m = \dfrac{1}{5550}$. Il augmente avec la température.

Il faut remarquer que : 1° les tubes n'étaient pas assez hauts; 2° on connaissait mal le coefficient de l'air; 3° le bain d'huile n'était pas agité; 4° les températures devaient varier vers la surface des tubes.

Reynault emploie deux dispositifs : 1° les tubes en fer, de 1,50 m. de hauteur, sont reliés par deux tubes horizontaux terminant un rectangle. Le tube supérieur présente un petit orifice; celui du bas est coupé et porte deux tubes de verre verticaux qu'on relie à un réservoir d'air comprimé. L'un des tubes de fer verticaux est dans un bain d'huile à T°, contenant un thermomètre à air; l'autre est entouré d'un courant d'eau froide à t°. Les colonnes de liquide faisant équilibre à la pression de l'air comprimé,

$$\frac{H}{1 + m_T} - \frac{h}{1 + m_t} = \frac{H'}{1 + m_{t'}} - \frac{h'}{1 + m_t}.$$

On prend pour m_t et $m_{t'}$ les valeurs de Dulong et Petit.

2° Le tube horizontal inférieur est continu; celui du haut est coupé et reçoit les deux tubes de verre qui s'ouvrent dans l'atmosphère :

$$\frac{H}{1 + m_T} + \frac{h}{1 + m_t} = \frac{H'}{1 + m_{t'}} + \frac{h'}{1 + m_t}.$$

Résultats. — m_T peut être représentée par

$$m_T = aT + bT^2,$$

ou par une courbe parabolique.

295. Mesure de la dilatation absolue des autres liquides. — La même méthode pourrait être employée; mais on préfère des procédés plus simples, que la connaissance de la dilatation du mercure permet d'utiliser.

1° *Méthode du thermomètre à poids.* — C'est un gros thermomètre dont la tige est recourbée et coupée en un point qui correspond au zéro. On pèse le mercure rejeté par la dilatation, au lieu de mesurer son volume. Soit P la masse du liquide à 0°, et p celle qui sort à T° :

$$(P - p)(1 + \Delta_T) = P(1 + k_T).$$

On détermine k_T en faisant une opération identique avec le mercure.

2° *Méthode du thermomètre à tige.* — On introduit le liquide dans un tube à thermomètre gradué et jaugé avec soin, et l'on mesure les volumes apparents $V + nv$ et $V + Nv$ à 0° et T° :

$$(V + nv)(1 + \Delta_T) = (V + Nv)(1 + k_T).$$

On détermine k_T avec le mercure.

M. I. Pierre a employé cette méthode, dite aussi des thermomètres comparés : deux gros thermomètres, l'un à liquide, l'autre à mercure, ont leurs réservoirs dans un bain à T° et leurs tiges dans un manchon à $t°$, dans lequel plongent entièrement deux petits thermomètres remplis des mêmes liquides : celui à mercure donne t pour la correction de T, et l'autre fournit Δ_t par l'équation précédente.

Supposons que le liquide s'arrête à la division n_0 à 0° et à la division n' quand le réservoir plonge jusqu'à n dans le bain à T° :

$$(V + n_0 v)(1 + \Delta_T) = (V + nv)(1 + k_T) + (n' - n)v(1 + k_t)\frac{1 + m_T}{1 + m_t}.$$

La correction du thermomètre à mercure se fait comme on le verra plus loin (§ 304).

296. Mesure de la dilatation apparente. — On peut encore avoir la dilatation absolue Δ_T en mesurant la dilatation apparente δ_T et ajoutant la dilatation cubique k_T de l'enveloppe. D'ailleurs, il suffit parfois de connaître δ_T. On détermine la dilatation apparente par les méthodes qui précèdent. Ainsi par le thermomètre à poids

$$(P - p)(1 + \delta_T) = P,$$

ou par le thermomètre à tige

$$(V + nv)(1 + \delta_T) = V + Nv.$$

Résultats. — La dilatation des liquides peut être généralement représentée par

$$\Delta_{\text{T}} = a\text{T} + b\text{T}^2 + c\text{T}^3.$$

L'eau et les dissolutions aqueuses font exception.

297. Usages du thermomètre à poids. — 1° Mesure de la
dilatation absolue d'un liquide (§ 295).

2° Mesure de la dilatation apparente (§ 296).

3° Mesure de la dilatation du verre dont il est formé : on
emploie l'équation du paragraphe 295, l'appareil étant
rempli de mercure.

4° *Mesure de la dilatation cubique d'un solide.* — On introduit une masse P' du solide et P de mercure à 0° ; à T°, il
sort p de mercure :

$$\frac{\text{P}-p}{\text{D}_0}(1 + m_{\text{T}}) + \frac{\text{P}'}{\text{D}'_0}(1 + x_{\text{T}}) = \left(\frac{\text{P}}{\text{D}_0} + \frac{\text{P}'}{\text{D}'_0}\right)(1 + k_{\text{T}}).$$

5° *Mesure de la température.* — On remplit le thermomètre d'une masse P de mercure à 0° et on le porte à une
température connue $t°$, puis à $x°$; il sort p et p'. En prenant les
coefficients moyens

$$(\text{P}-p)(1 + \delta t) = \text{P} ;$$
$$(\text{P}-p')(1 + \delta x) = \text{P}.$$

D'où

$$\delta = \frac{p}{(\text{P}-p)t},$$

et

$$x = \frac{p'}{(\text{P}-p')\delta}.$$

298. Dilatation de l'eau. — Maximum de densité. Expérience de Hope (1804) : éprouvette à pied remplie d'eau et
entourée d'un manchon de glace. Le thermomètre inférieur
descend plus vite jusqu'à 4° et devient stationnaire ; celui du
haut le dépasse alors et descend jusqu'à 0°.

Lefèvre-Gineau (1799) détermine la température du maximum de densité en mesurant la poussée subie par un cylindre
de cuivre plongé dans l'eau à diverses températures. Il a
trouvé 4°,4.

Hällström (1823) a opéré de même avec une boule lestée ; il mesurait, par une méthode analogue à celle de Ramsden, la dilatation linéaire d'une tige du même verre, d'où pour la boule

(1) $$V = V_0 (1 + aT + bT^2).$$

L'étude des poussées P donne

(2) $$P = P_0 (1 + cT + dT^2 + eT^3).$$

En divisant (2) par (1), on a la densité absolue :

$$D = D_0 (1 + mT + nT^2 + pT^3).$$

Pour avoir le maximum, on égale à 0 la dérivée. On trouve $4°,108$.

Despretz (1839) emploie la méthode des thermomètres comparés de $-10°$ (surfusion) à $+30°$ et représente par une courbe les volumes apparents, puis ajoute, au moyen d'une droite placée au-dessous de l'axe des x, la dilatation kt du verre. La tangente parallèle à cette droite donne le volume minimum ; on prend sur OX l'abscisse correspondante. Résultat : $4°,001$.

Il a employé aussi l'appareil de Hope avec 4 thermomètres ; les courbes représentatives doivent se couper en un même point. Résultat : $3°,99$.

M. Rosetti a déterminé la densité à diverses températures (méthode du flacon). Il déduit de toutes les observations $4°,00$.

Le maximum de densité des dissolutions salines est souvent au-dessous de leur point de congélation.

Dilatation des gaz.

299. Définitions. — Pour les gaz, le volume dépend de la pression. Pour une *masse gazeuse invariable*, l'expression

$$\frac{VH}{1 + \alpha t}$$

est constante.

On distingue : 1° le coefficient de dilatation à pression con-

10.

stante; 2° le coefficient d'augmentation de pression à volume constant.

300. Mesure des coefficients moyens de dilatation. — *Gay-Lussac* (1807) a mesuré le coefficient moyen de dilatation de 0° à 100° au moyen d'un ballon à col fin et gradué renfermant un index de mercure. On mesure les volumes apparents $V_0 + n_0 v$ et $V_0 + nv$ à 0° et T° :

$$(V_0 + n_0 v)\, H_0 = (V_0 + nv)\, \frac{1 + k_T}{1 + \alpha T}\, H$$

(H_0 et H pressions atmosphériques au moment des deux mesures).

Il trouva que *ce coefficient est le même pour tous les gaz* (loi de Charles ou de Gay-Lussac) et qu'*il est indépendant de la pression*.

Les gaz étaient insuffisamment desséchés, et l'index de mercure fermait incomplètement le tube.

Expériences de Rudberg, Pouillet, Magnus.

Dulong et *Petit* (1816) employèrent un réservoir cylindrique muni d'un tube recourbé à angle droit. On le ferme plein de gaz dans une étuve à T° et sous la pression atmosphérique H, puis on l'ouvre sur le mercure à 0°; il entre une masse p de ce liquide, qui s'élève à la hauteur h dans le tube. On détermine enfin la masse P de mercure qui remplit tout l'appareil à 0° :

$$P\, \frac{1 + k_T}{1 + \alpha T}\, H = (P - p)\, (H' - h).$$

Le coefficient obtenu par cette méthode n'est exactement ni le coefficient de dilatation, ni celui d'augmentation de pression.

Regnault reprend toutes les méthodes, et emploie notamment un ballon communiquant avec un manomètre à air libre. On remplit de gaz bien sec à 0° et sous la pression atmosphérique H, puis on porte le ballon à T°.

1° En ajoutant du mercure dans le manomètre, on maintient le niveau sensiblement constant dans la branche fermée et l'on obtient le coefficient d'augmentation de pression en mesurant la différence h des niveaux du mercure :

$$\left(V_0 + \frac{v}{1+\alpha t}\right)H = \left(V_0\frac{1+k_T}{1+\alpha T} + \frac{v'}{1+\alpha t'}\right)(H' + h).$$

V_0 volume à 0° du ballon et des tubes compris dans la chaudière ;
v et v' volumes des tubes en dehors de la chaudière jusqu'au niveau du mercure (jaugés à la température ambiante);
t et t' températures ambiantes au commencement et à la fin ;
H' pression atmosphérique à la fin.

2° On laisse le gaz se dilater librement en faisant écouler du mercure, et l'on a le coefficient de dilatation. On entoure le manomètre d'eau froide pour bien connaître la température θ du gaz dilaté :

$$\left(V_0 + \frac{v}{1+\alpha t}\right)H = \left(V_0\frac{1+k_T}{1+\alpha T} + \frac{v}{1+\alpha t'} + \frac{v_t}{1+\alpha\theta}\right)H'.$$

v_t volume dilaté, qui est entouré d'eau à 0° ;
H' pression finale, sensiblement égale à celle de l'atmosphère.

On détermine k_T avec un ballon plus petit de même verre ; on résout l'équation par approximations successives.

Résultats. — Les gaz difficiles à liquéfier se dilatent à peu près comme l'air ; leurs coefficients sont cependant un peu différents : Regnault l'a montré au moyen de deux appareils identiques communiquant avec un même manomètre. Les gaz facilement liquéfiables ont un coefficient plus fort.

Le coefficient de dilatation est plus grand que le coefficient d'augmentation de pression, sauf pour l'hydrogène. La différence est plus grande pour les gaz faciles à liquéfier.

Le coefficient de dilatation augmente un peu avec la pression.

Applications des dilatations.

301. Dilatations des solides et des liquides. — Pendule compensateur à gril ou de Leroy : la dilatation des tiges d'acier (a, b, ...) abaisse le centre de gravité ; celle des tiges de laiton (a', b'...) le relève :

$$(a + b + c + ...)\lambda t = (a' + b' + ...)\lambda't.$$

Pendule à mercure de Graham.

Thermomètre métallique de Bréguet : une spirale formée d'argent, or et platine (celui-ci, qui est le moins dilatable, étant à l'intérieur) se déroule quand la température s'abaisse et se referme quand elle s'élève.

Pyromètres de Wedgwood, de Brongniart.

302. Thermomètres et pyromètres à gaz. — Avantages : grande sensibilité; dilatation de l'enveloppe négligeable, de sorte qu'il n'y a pas de déplacement du zéro, et que les thermomètres remplis d'un même gaz et formés de verres différents sont comparables. L'air sec a de plus l'avantage d'offrir une composition toujours suffisamment identique. Tous les appareils pour la dilatation des gaz peuvent servir de thermomètres, notamment celui de Regnault. On peut opérer à pression constante ou à volume constant : la seconde méthode est préférable, parce que la masse de gaz chauffée est à peu près invariable.

Le degré centigrade est alors la variation de température qui fait subir au thermomètre la centième partie de la variation de pression qu'il éprouve en passant de la température de la glace fondante à celle de la vapeur d'eau bouillante.

Pour les hautes températures, MM. Deville et Troost ont employé un dispositif analogue avec un ballon de porcelaine. On peut se servir aussi de la vapeur d'iode.

303. Corrections barométriques. — Pour que les hauteurs barométriques en deux points représentent les pressions atmosphériques, il faut éliminer l'influence de la température, de l'altitude et de la latitude.

Si h est la hauteur observée, la hauteur à $0°$ est

$$h_0 = h \frac{1 + lt}{1 + mt} = h\left[1 - (m - l)t\right]$$

(l coefficient linéaire de la graduation; m coefficient absolu du mercure).

En deux stations, les pressions par unité de surface sont

$$P = h_0 D_0 g \qquad \text{et} \qquad P' = h'_0 D_0 g'$$

(D_0 densité absolue du mercure à $0°$).

D'où

$$\frac{P}{P'} = \frac{h_0 g}{h_0' g'}.$$

La pression P est donc proportionnelle à la hauteur corrigée

$$h_0 (1 - 0{,}002\,55 \cos 2\lambda)\left(1 - \frac{2\delta}{R}\right),$$

ou

$$h[1 - (m - l)t](1 - 0{,}002\,55 \cos 2\lambda)\left(1 - \frac{2\delta}{R}\right).$$

304. Correction thermométrique. — Un thermomètre, plongé dans un bain à $T°$ jusqu'à la division θ, indique T_1; le reste de la tige étant à $t°$, trouver T :

$$(T - \theta)\,v = (T_1 - \theta)\,v\,[1 + \delta(T - t)].$$

v volume d'une division;
δ coefficient moyen de dilatation apparente du mercure.

On tire

$$T = T_1 + (T_1 - \theta)\,\delta(T - t).$$

Si T est peu différent de T_1, on peut remplacer dans le dernier terme T par T_1.

305. Corrections des pesées. — Lorsqu'on met sur la balance un poids marqué, il subit une poussée de la part de l'air; sa masse P est diminuée dans le même rapport et devient

$$P\left[1 - \frac{a}{D_0}(1 + kt)\right].$$

D_0 densité absolue des poids marqués à 0_0;
a densité absolue de l'air dans l'expérience :

$$a = 0{,}001\,293 \frac{H - \frac{3}{8}f}{76}\frac{1}{1 + \alpha t}.$$

On peut souvent simplifier en prenant

$$a = 0{,}001\,293.$$

Il en est de même pour le corps de masse x et pour la tare de masse ϖ. Soient l et l' les bras de levier :

$$lP\left[1-\frac{a}{D_0}(1+kt)\right]=l'\varpi\left[1-\frac{a}{D''_0}(1+k''t)\right],$$

et

$$lx\left[1+\frac{a'}{D'_0}(1+k't')\right]=l'\varpi\left[1-\frac{a}{D''_0}(1+k''t')\right].$$

Si les conditions atmosphériques n'ont pas sensiblement changé, on peut se dispenser de corriger la tare. Si, en outre, D_0 et D'_0 étaient peu différents, on pourrait supprimer toutes les corrections.

306. Corrections des densités. — Désignons par $(1-\rho)$ la correction des poids marqués, supposée constante, et par ϖ la masse de la tare corrigée (la correction étant aussi constante). Nous nous occuperons seulement de la méthode du flacon, qui est seule exacte. Soit F la masse corrigée du flacon plein d'eau.

1° *Solides.* — On a dans les trois pesées

$$\varpi = F + VD - V(1+kt)a,$$
$$\varpi = F + P(1-\rho),$$
$$\varpi = F + VD - \frac{VD'}{1+\Delta_{-4}} + P'(1-\rho).$$

V volume du corps à 0° ;
D sa densité absolue à 0° ;
D′ celle de l'eau à 4°, soit 1,000 013 ;
Δ_{-4} la dilatation de l'eau de 4° à 0°.

$$D = \frac{P}{P'}\frac{D'}{1+\Delta_{-4}} - \frac{P-P'}{P'}(1+kt)a.$$

2° *Liquides.* — En supposant qu'on opère comme plus haut (§ 231), et appelant F′ la masse corrigée du flacon *vide*

$$\varpi = F' + VD - V(1+kt)a,$$
$$\varpi = F' + \frac{VD'}{1+\Delta_{-4}} - V(1+kt)a + p(1-\rho),$$
$$\varpi = F' + P(1-\rho).$$

D'où

$$D = \frac{P}{P-p}\frac{D'}{1+\Delta_t} - \frac{p}{P-p}(1+kt)a.$$

CHAPITRE III.

CHANGEMENTS D'ÉTAT.

Fusion et solidification.

307. Lois. — 1° *Tout corps solide fond à une température fixe, qu'on appelle son point de fusion.*

Corps réfractaires (qu'on n'a pas encore fondus). Corps qui se décomposent par la chaleur (carbonate de chaux) ou se subliment (iode, arsenic). Certains corps deviennent pâteux et n'ont pas de véritable point de fusion (verre, fer, gutta-percha, cire à cacheter).

2° *La température reste invariable pendant toute la durée de la fusion.*

Travail intérieur et extérieur correspondant à la fusion.

La solidification présente deux lois qui correspondent aux précédentes.

308. Changement de volume; influence de la pression. — La plupart des corps se dilatent en fondant et se contractent en se solidifiant. Expériences de Billet, de Kopp. L'inverse se produit pour la glace, la fonte de fer, l'argent, le bismuth et l'antimoine.

La pression élève le point de fusion pour les corps qui se dilatent en fondant et l'abaisse pour les autres. M. Bunsen a étudié le premier cas pour la paraffine, le blanc de baleine, M. Hopkins pour la stéarine, la cire, le soufre, etc. Le second cas a été surtout étudié pour la glace. Sir W. Thomson a vérifié (1852) que le point de fusion de la glace s'abaisse de 0°,0075 par atmosphère. M. Mousson a fondu la glace à — 20° sous une pression d'environ 13 000 atmosphères.

L'influence de la pression explique le *regel* et les phénomènes des glaciers. La glace comprimée fortement dans un moule donne un bloc transparent qui reproduit exactement la forme du moule (M. Tyndall).

309. Surfusion. — Certains corps peuvent, une fois fondus, être refroidis notablement au-dessous de leur point de fusion sans reprendre l'état solide (phosphore, eau distillée et privée d'air, soufre). Ces corps se solidifient instantanément et en masse si l'on y jette une parcelle du solide sous la forme qu'il doit prendre, si on les refroidit beaucoup, ou si on les agite quand ils sont déjà de quelques degrés au-dessous du point de fusion. La solidification des corps surfondus se fait avec dégagement de chaleur.

Dissolution.

310. Dissolution; cristallisation. — La dissolution est accompagnée d'une absorption de chaleur qui augmente avec la masse du dissolvant.

Dissolution saturée. La solubilité augmente généralement avec la température. On peut ramener le corps à l'état solide en faisant disparaître le dissolvant (évaporation) ou en diminuant la solubilité (refroidissement); souvent le solide cristallise.

311. Sursaturation. — On peut souvent refroidir à la température ambiante une solution saline qui a été saturée à l'ébullition, sans qu'elle abandonne le solide dissous (sulfate ou hyposulfite de soude, etc.). On provoque la solidification instantanée de toute la masse, avec un grand dégagement de chaleur, en y jetant une parcelle du corps solide ou d'un corps isomorphe.

312. Solidification des dissolutions salines. — Pour certains sels, l'abaissement du point de congélation est proportionnel à la quantité de sel dissoute (loi de Blagden). Le sel marin très étendu laisse d'abord déposer de l'eau pure; puis à — 22° se congèle un hydrate $NaCl,5H^2O$. Le sel marin concentré dépose d'abord des cristaux de $NaCl.H^2O$ et donne ensuite à —22° le même hydrate. Chaque sel donnerait ainsi un *cryohydrate* très riche en eau, ayant son point de fusion aqueuse à une basse température (M. Guthrie).

313. Mélanges réfrigérants. — Abaissent la température par la dissolution d'un sel dans l'eau et aussi par la fusion de la glace (eau et nitrate d'ammoniaque, glace et sel marin, sulfate de soude et acide chlorhydrique, etc.).

Vaporisation.

314. Vaporisation dans le vide; force élastique maxima. — Une petite quantité de liquide, introduite dans un baromètre, se vaporise d'abord instantanément, et la force élastique augmente avec la quantité de liquide introduite. Si on ajoute assez de liquide, il cesse de se vaporiser (*vapeur saturante*), et la force élastique cesse d'augmenter (*tension maxima*).

La force élastique maxima d'une vapeur est invariable pour la même température, quel que soit le volume occupé par cette vapeur (tube barométrique sur la cuvette profonde); elle varie avec la nature de la vapeur (appareil des quatre baromètres); enfin elle augmente rapidement avec la température et devient égale à la pression que supporte le liquide lorsque celui-ci entre en ébullition. On vérifie cette dernière propriété par l'appareil de Dalton, décrit plus loin (§ 315).

Les vapeurs non saturantes se comportent comme des gaz voisins de leur point de liquéfaction, c'est-à-dire qu'elles s'écartent assez notablement des lois de Mariotte et de Gay-Lussac.

315. Mesure des tensions maxima de la vapeur d'eau. — 1° *Entre* 0° *et* 60°. — Dalton emploie deux baromètres, l'un sec, l'autre contenant un peu d'eau, placés sur une même cuvette de fonte et entourés d'un manchon plein d'eau. La force élastique maxima est égale à la différence des niveaux.

Causes d'erreur : température mal connue, erreurs de réfraction.

Regnault emploie deux baromètres entourés d'eau à la partie supérieure; on lit à travers une glace bien plane. Le baromètre qui doit recevoir l'eau se recourbe et se termine par un petit ballon. On fait le vide et on tient compte de la pression de la petite quantité d'air qui reste.

2° *Au-dessous de* 0°. — Gay-Lussac employait deux baromètres, dont l'un se recourbe et plonge dans un mélange réfrigérant. On obtient la tension maxima pour la température de ce mélange([1]).

Regnault s'est servi de l'appareil ci-dessus décrit, en plongeant le ballon dans une solution concentrée de chlorure de calcium, qu'on refroidissait progressivement en y jetant des morceaux de glace.

3° *Au-dessus de* 60°. — Dulong et Arago (1828) emploient une chaudière communiquant avec un manomètre à air comprimé par un tube incliné rempli d'eau froide, qui condense la vapeur. La force élastique maxima $+$ la colonne d'eau froide font équilibre à la force élastique de l'air comprimé $+$ la différence des niveaux du mercure. Ils firent 30 observations entre 100° et 224°. On chasse d'abord l'air intérieur par l'ébullition.

Une commission américaine (1830) emploie le même appareil et trouve des résultats différents.

Regnault (1843) fait bouillir l'eau sous diverses pressions. Le point d'ébullition indique la température pour laquelle la force élastique maxima est égale à la pression qui règne dans l'appareil. La chaudière est munie d'un tube ascendant, entouré d'un réfrigérant, qui aboutit à une sphère entourée d'eau froide, dans laquelle on établit la pression voulue. Il emploie deux appareils, l'un de 60° à 120° environ, l'autre au-dessus.

1. Cet appareil est fondé sur le principe de Watt : Lorsqu'un liquide se vaporise dans un récipient dont les diverses parties n'ont pas la même température, il distille vers le point le plus froid, et, lorsque l'équilibre est établi, la force élastique de la vapeur ne peut dépasser sa tension maxima pour ce point.

Regnault représente ces résultats par une formule due à Biot :

$$\log F = a + b\alpha^t + c\beta^t.$$

t température;
F force élastique maxima;
a, b, c, α, β, constantes.

316. Vaporisation dans une atmosphère gazeuse.

Loi de Dalton. — *La force élastique maxima que prend une vapeur dans une atmosphère gazeuse est la même que dans le vide, à la même température; la force élastique du mélange est égale à la somme des tensions qu'auraient le gaz et la vapeur, si chacun d'eux occupait seul le volume total.*

Appareil de Gay-Lussac : petit manomètre à air libre, dont la branche fermée est graduée : on y introduit un certain volume de gaz sous la pression atmosphérique; puis on fait entrer, au moyen d'un robinet à goutte, assez de liquide pour saturer de vapeur l'atmosphère gazeuse. On verse du mercure pour *ramener le mélange au volume initial;* la différence des niveaux est égale à la tension maxima de la vapeur pour le vide.

Expériences de Regnault, de Herwig.

Évaporation, ébullition, caléfaction.

317. Évaporation. — Vaporisation par la surface seule.
Circonstances qui la favorisent : étendue de la surface S; abaissement de la pression H; absence de la vapeur dans l'atmosphère; élévation de la température du liquide et de l'atmosphère; agitation de l'air. Le poids du liquide évaporé par unité de temps est

$$P = \frac{AS}{H^n} (F - f).$$

A coefficient qui augmente avec l'agitation de l'air;
F et f forces élastiques maxima et actuelle;
n nombre voisin de 1, et qui varie avec la nature du liquide et du gaz, mais non avec la température (M. Laval).

L'évaporation est accompagnée d'une absorption de chaleur.

318. Lois de l'ébullition; influence de la pression. — Vaporisation avec dégagement de bulles dans toute la masse.

1° Tout liquide bout à une température fixe pour la même pression, et la force élastique maxima de sa vapeur est alors égale à cette pression.

2° La température reste constante pendant toute la durée de l'ébullition.

Influence de l'abaissement de pression. Dalton fait bouillir de l'eau sous la machine pneumatique. Dulong détermine les températures d'ébullition pour des pressions décroissantes. Expérience de Franklin.

Influence de l'accroissement de pression : marmite de Papin. Explication des geysers (Tyndall).

319. Hypsomètre. — Appareil pour déterminer la distance verticale de deux stations par la différence des points d'ébullition de l'eau. Il se compose d'une petite chaudière à tirage. Si la hauteur n'est pas très grande, on a, en mètres,

$$z = 300\,(t - t').$$

320. Rôle de l'air dans l'ébullition. — En enlevant l'air qui est dissous dans le liquide (ébullition) ou qui adhère aux parois du vase (lavages à l'alcool et à l'éther, à l'acide sulfurique), on élève indéfiniment la température d'ébullition. Si, dans un liquide surchauffé (chauffé au-dessus de son point d'ébullition), on introduit des bulles gazeuses, l'ébullition se produit immédiatement. *M. Donny* (1846) élève à 135° le point d'ébullition de l'eau purgée d'air et renfermée dans un vase où la pression est très faible. *M. Dufour* (1861) chauffe à 178° de petites sphères d'eau dans un mélange d'huile de lin et d'essence de girofle ayant même densité, sans provoquer l'ébullition. *M. Gernez* introduit dans le liquide une petite cloche contenant de l'air, et de laquelle on voit partir toutes les bulles. L'expérience de Franklin montre aussi le rôle de l'air, car toutes les bulles partent du bouchon.

Il est facile maintenant de comprendre le mécanisme de l'ébullition. Les bulles gazeuses qui adhèrent au vase se saturent de vapeur, se dilatent à mesure que la force élastique de cette vapeur augmente, et finissent par se détacher en partie. Les premières se condensent dans l'eau moins chaude (chant), puis l'ébullition s'établit.

Les corps solides non purgés d'air provoquent l'ébullition. Retard dans les vases de verre.

Ébullition des dissolutions salines : le point d'ébullition s'élève avec la concentration, mais la température de la vapeur ne change pas.

Application : congélation de l'eau dans le vide (Leslie); appareil E. Carré.

321. Caléfaction. — Phénomène présenté par les liquides au contact des surfaces très chaudes. Le liquide prend la forme d'une petite sphère s'il est en très petite quantité, d'un globule lenticulaire s'il y en a davantage; il s'évapore lentement, mais n'entre en ébullition que si on laisse refroidir la capsule.

On constate que le globule n'atteint pas la température d'ébullition et qu'il ne touche pas la capsule (on aperçoit la flamme d'une bougie entre le liquide et cette capsule). On explique ce défaut de contact par la répulsion qui s'exerce à une température élevée entre l'eau et les vases, qu'elle ne mouille plus (expériences de M. Wolf sur la capillarité).

Congélation de l'eau dans l'acide sulfureux caléfié, du mercure dans l'acide carbonique caléfié. Explication des explosions de chaudières qui se produisent au moment où l'on cesse de chauffer.

Liquéfaction.

322. Condensation des vapeurs. La liquéfaction est le passage de l'état gazeux à l'état liquide. Pour les vapeurs (corps dont le point d'ébullition est supérieur à la température ambiante), il suffit de les ramener à la température ordinaire dans un vase entouré d'un courant d'eau froide.

Distillation : alambic (serpentin refroidi). La méthode des

distillations fractionnées permet de séparer des liquides inégalement volatils; on recueille dans des récipients différents les vapeurs qui passent à des températures plus ou moins élevées (fabrication de l'alcool, de la benzine, etc.).

323. Liquéfaction des gaz. — On peut liquéfier les gaz : 1° en les refroidissant au-dessous de leur point normal d'ébullition (SO^2 à — 10°, AzH^3 à — 40°, CO^2 à — 90°); 2° en les comprimant, ce qui élève le point d'ébullition (SO^2 se liquéfie sous une pression de 3 atmosphères, le chlore de 4 atmosphères à + 15°); 3° en refroidissant et comprimant à la fois. La pression peut être exercée par le gaz lui-même (tube de Faraday, appareil de Thilorier, appareil de Pictet) ou par une action mécanique étrangère (appareil de Bianchi pour le protoxyde d'azote, appareil de Cailletet).

Le premier procédé (refroidissement) est absolument général, mais il n'en est pas de même du second. Il existe pour chaque corps un *point critique* au-dessus duquel il est absolument impossible de le liquéfier, quelle que soit la pression. Expériences de Cagniard-Latour (1822) sur les vapeurs d'eau, d'alcool, d'éther; de M. Andrews sur l'acide carbonique (point critique à 30°,92).

Six gaz avaient résisté aux méthodes précédentes et étaient appelés *permanents : O, H, Az, AzO* (deutoxyde d'azote), CO, CH^4. Ils ont été liquéfiés en 1877. *M. Pictet* s'est servi pour cela d'une sorte de tube de Faraday en fer : l'une des branches a la forme d'un obus et reçoit les substances nécessaires pour préparer le gaz sous l'influence de la chaleur; l'autre est un long tube un peu incliné, refroidi à une température très basse, dans lequel le gaz se liquéfie par sa propre pression. Le refroidissement est produit en évaporant rapidement, dans un manchon qui entoure le tube, soit du protoxyde d'azote (— 140°), soit de l'acide carbonique (— 130°) liquides. *M. Cailletet* est arrivé au même résultat en comprimant fortement le gaz, à l'aide d'une presse hydraulique, dans une sorte de gros thermomètre; on laisse échapper l'eau brusquement, la détente du gaz le refroidit d'environ 200°, et il se liquéfie sur les parois du tube.

CHAPITRE IV.

HYGROMÉTRIE.

324. Définitions. — Il y a toujours de l'humidité dans l'air (acide sulfurique concentré, sel déliquescent, vase froid qui se couvre de rosée). La masse de la vapeur d'eau contenue dans un volume d'air de V centim. cubes est, en grammes :

$$p = 0{,}001\,293 \,.\, V \,.\, \frac{5}{8}\frac{f}{76}\frac{1}{1+\alpha t},$$

f étant la force élastique de cette vapeur en centimètres.

Si on a p ou f, on connaît donc la quantité absolue d'humidité contenue dans l'air. On préfère généralement indiquer la proportion relative, la même masse d'air pouvant, selon la température, contenir des quantités très inégales de vapeur. On se sert pour cela de l'*état hygrométrique*, qui est le rapport de la force élastique actuelle f à la force élastique maxima F pour la même température, ou le rapport de la masse de vapeur actuellement contenue dans un certain volume d'air à celle que renfermerait le même volume si l'atmosphère était saturée.

L'état hygrométrique est donc

$$\varepsilon = \frac{f}{F}.$$

La masse de l'air sec contenu dans un volume V d'air humide à la pression totale H est

$$P = 0{,}001\,293 \, V \frac{H-f}{76}\frac{1}{1+\alpha t},$$

et la masse totale de l'air humide

$$P + p = 0{,}001\,293 \, V \frac{H-\frac{3}{8}f}{76}\frac{1}{1+\alpha t}.$$

325. Hygromètres d'absorption. — Sont fondés sur les variations de volume et de longueur qu'éprouvent certains corps en absorbant l'humidité.

L'hygromètre de Saussure (1783) est formé d'un cheveu fixé à la partie supérieure dans une pince et à la partie inférieure sur une poulie qui porte une aiguille; un contrepoids porté par un petit fil de soie maintient le cheveu tendu. Les indications n'étant pas proportionnelles, on gradue l'appareil en le soumettant à l'action des vapeurs émises par les mélanges $SO^3,2H^2O$; $SO^3,4H^2O$;...; $SO^3,12H^2O$; $SO^3,18H^2O$, qui donnent des états hygrométriques connus (Regnault). Ces appareils ne restent pas longtemps comparables.

326. Hygromètres de condensation. — Si la température est t^o et la force élastique de la vapeur f, il y a toujours une température $t' < t$, pour laquelle la tension maxima $F' = f$. Si l'on refroidit un corps lentement jusqu'à t'^o, la couche d'air qui l'entoure se refroidit de même, devient saturée et laisse déposer une partie de son humidité sur l'appareil. On note t' et l'on trouve dans les tables la valeur de F' et par suite de f. Pour plus de précision, on détermine t' en prenant la moyenne des températures d'apparition et de disparition de la rosée.

H. de *Daniell* (1820) : tube terminé par deux boules A et B, dont la première, dorée, contient de l'éther et un thermomètre : en versant de l'éther sur B, on fait distiller lentement le liquide intérieur de A vers B, et l'on refroidit peu à peu la boule A, sur laquelle on observe le dépôt de rosée. Inconvénients : la surface seule de l'éther intérieur se refroidit; les résultats dépendent de l'épaisseur et de la nature du verre ; l'éther versé sur B et la respiration de l'observateur augmentent f.

H. de *Regnault* : tube cylindrique dont la partie inférieure est en cuivre mince, argenté et bien poli, contenant de l'éther, dans lequel on fait passer un courant d'air au moyen d'un aspirateur; on compare la surface avec celle d'un tube voisin.

H. de *M. Alluard* (1877) : le tube est un prisme à base carrée, dont la partie métallique, dorée, est entourée sur trois côtés par une plaque de même substance, ce qui rend l'observation du point de rosée plus facile.

H. de *M. Crova* : on fait passer l'air dans un tube nickelé et poli intérieurement, et refroidi à l'extérieur par un bain de sulfure de carbone, qu'on fait évaporer par un courant d'air. On peut opérer en plein air, même quand il y a du vent, ou dans une chambre, en se servant de l'air extérieur.

327. Psychromètre. — Imaginé par Leslie (1790); perfectionné par Gay-Lussac, August et Regnault. Le psychromètre se compose de deux thermomètres, dont l'un a son réservoir constamment humide, et marque une température t', plus petite que la température ambiante t, indiquée par l'autre thermomètre. La chaleur perdue en une minute par évaporation (proportionnelle à $F' - f$) est égale à la chaleur gagnée par rayonnement et contact de l'air (proportionnelle à $t - t'$) dans le même temps :

$$t - t' = \frac{A}{H}(F' - f).$$

H pression atmosphérique;
f force élastique actuelle;
F' force élastique maxima pour t'^0.

La constante A varie avec les conditions ambiantes; on la détermine par comparaison avec un hygromètre de condensation. On peut la calculer en écrivant que la chaleur absorbée par l'évaporation est fournie par le refroidissement de l'air humide qui entoure l'appareil.

Psychromètre-fronde.

328. Hygromètre chimique. — Brunner (1841). On fait passer, au moyen d'un aspirateur, un volume d'air connu V à travers des tubes en U contenant de la ponce sulfurique ou de l'anhydride phosphorique, et on détermine, en pesant ces tubes avant et après l'expérience, la masse p de la vapeur d'eau contenue dans ce volume d'air; un tube spécial arrête la vapeur qui pourrait venir de l'aspirateur. On ne peut avoir que l'état hygrométrique moyen pendant la durée de l'expérience, qui est assez longue.

11.

CHAPITRE V.

DENSITÉ DES GAZ ET DES VAPEURS.

329. Définition. — On appelle densité d'un gaz ou d'une vapeur par rapport à l'air le rapport des masses de volumes égaux du gaz ou de la vapeur et d'air à la même température et à la même pression.

La densité est sensiblement invariable lorsque le corps gazeux suit à peu près les lois de Mariotte et de Gay-Lussac. Il faut donc pour les vapeurs prendre la densité assez loin du point de liquéfaction.

La masse d'un gaz sec ou d'une vapeur est donnée par

$$P = 0,001\ 293\ V\delta \frac{H}{76} \frac{1}{1 + \alpha t}.$$

330. Mesure de la densité des gaz. — *Biot* et *Arago* pèsent un grand ballon plein de gaz, puis après y avoir fait le vide aussi complètement que possible. Soient P et p les masses trouvées, B celle du ballon corrigée de la poussée (supposée constante), a la densité absolue de l'air (0,001 293) alors inconnue, V_0 le volume du ballon à 0° :

$$P = B + aV_0\delta \frac{H}{76} \frac{1 + kt}{1 + \alpha t},$$

$$p = B + aV_0\delta \frac{h}{76} \frac{1 + kt}{1 + \alpha t}.$$

D'où

$$P - p = aV_0\delta \frac{H - h}{76} \frac{1 + kt}{1 + \alpha t}.$$

Deux opérations semblables avec l'air donnent

$$P' - p' = aV_0 \frac{H' - h'}{76} \frac{1 + kt'}{1 + \alpha t'}.$$

D'où on tire

$$\delta = \frac{P - p}{P' - p'} \frac{H' - h'}{H - h} \frac{1 + \alpha t}{1 + \alpha t'} \frac{1 + kt'}{1 + kt}.$$

Les températures étaient données par un thermomètre placé à côté du ballon; elles étaient mal connues ainsi que k; la poussée pouvait n'être pas constante.

Dumas et *Boussingault* mesurent ces quantités avec plus d'exactitude.

Regnault remplit le ballon et mesure les pressions à 0°, ce qui réduit l'équation à

$$\delta = \frac{P - p}{P' - p'} \frac{H' - h'}{H - h}.$$

Il élimine les variations de la poussée au moyen d'un *ballon-tare*.

Regnault a déterminé ensuite la densité absolue de l'air ou la masse du centimètre cube d'air; ayant la masse d'air qui remplit le ballon à 0° et sous la pression $H' - h'$,

$$P' - p' = a V_0 \frac{H' - h'}{76},$$

il suffit de peser ce ballon plein d'eau distillée et privée d'air à 0°, puis vide et son robinet ouvert. La différence de ces deux pesées donne la différence entre la masse de l'eau et celle de l'air, soit

$$A = 0{,}999\,88\, V_0 - a V_0 \frac{H - \frac{3}{8} f}{76} \frac{1 + kt}{1 + \alpha t}.$$

f force élastique de la vapeur d'eau (§ 324);
0,999 88 densité absolue de l'eau à 0°.

Regnault a trouvé $a = 0{,}001\,293$.

Méthode de Bunsen. Méthode fondée sur la vitesse d'écoulement des gaz.

331. Densité des gaz qui attaquent à froid le mercure et les métaux. — On prend un flacon de verre mince, bouché à l'émeri, qu'on remplit successivement de gaz et d'air secs à 0° par déplacement; on le pèse dans les deux cas :

$$P = B + 0{,}001\,293\, V_0 \delta \frac{H}{76}.$$

$$P' = B + 0{,}001\,293\, V_0 \frac{H'}{76}.$$

D'où

$$P - P' = \frac{0,001\,293 \times V_0}{76}(\delta H - H').$$

332. Densité des vapeurs. — On peut se donner la masse de la vapeur et mesurer son volume (Gay-Lussac) ou se donner le volume et mesurer la masse (Dumas).

333. Méthode de Gay-Lussac (1811). — Une ampoule pleine de liquide et pesée est introduite dans une éprouvette graduée reposant sur le mercure et entourée d'un manchon plein d'eau ; on chauffe à la température voulue après avoir brisé l'ampoule. On mesure le volume apparent V et la différence des niveaux h avec un cathétomètre et une vis à deux pointes. Si P est la masse du liquide introduit,

$$P = 0,001\,293\ V\delta\ \frac{H - h}{76}\ \frac{1 + kt}{1 + \alpha t}.$$

Ne s'applique pas aux liquides peu volatils.

334. Méthode de M. Hofmann. — L'éprouvette de Gay-Lussac est remplacée par un tube barométrique gradué, chauffé par un courant de vapeur passant dans un manchon. On opère sous une faible pression, ce qui abaisse le point d'ébullition et empêche la décomposition de la substance.

335. Expériences de Regnault. — Regnault s'est servi d'un manomètre à air libre communiquant avec un ballon disposé comme plus haut (§ 315) ; ce ballon contient une ampoule remplie du liquide qu'on veut vaporiser. Il reste un peu d'air, dont on tient compte.

336. Méthodes de Meyer. — 1° Un tube chauffé à une température suffisante communique avec une éprouvette graduée placée sur l'eau ou sur le mercure ; on y introduit rapidement une masse p de la substance, qui, en se vaporisant, chasse dans l'éprouvette un volume d'air égal au sien, qui devient v à la température ambiante t. La masse de cet air est

$$p' = 0,001\,293\ v\ \frac{H}{76}\ \frac{1}{1 + \alpha t}.$$

La densité de la vapeur est $\dfrac{p}{p'}$.

2° Un tube de verre, portant une branche latérale ouverte et formant manomètre, est rempli complètement de mercure après qu'on y a introduit une masse p de la substance, contenue dans un godet de verre. A T°, cette substance se vaporise et fait sortir par la branche ouverte une partie du mercure. Le volume de la vapeur est

$$V = \frac{a+b}{13,59}(1 + mt)\left[1 + k\,(T - t)\right] - \frac{c}{13,59}(1 + mT).$$

a masse du mercure introduit dans l'appareil à la température ambiante t;

b masse du mercure qui remplit le godet de verre à $t°$;

c masse du mercure qui reste dans l'appareil à T°;

m coefficient moyen de dilatation absolue du mercure;

k coefficient cubique du verre.

On tire la densité de l'équation

$$p = 0,001\,293\ V\,.\,\delta\,\frac{H + h - h'}{76}\,\frac{1}{1 + \alpha T}\,.$$

H pression atmosphérique;

h' tension maxima des vapeurs de mercure à T°;

h différence de niveau du mercure, qui se mesure en ouvrant la branche fermée et inclinant l'appareil jusqu'à ce que le liquide soit sur le point de s'écouler.

337. Méthode de Dumas (1826). — On pèse un ballon mince à col effilé d'abord plein d'air sec :

$$P = B + 0,001\,293\ V_0\,\frac{H}{76}\,\frac{1 + kt}{1 + \alpha t}\,.$$

On y introduit un excès de liquide, qu'on fait bouillir, pour chasser l'air; on le ferme plein de vapeur à T° et sous la pression atmosphérique H', puis on le pèse :

$$P' = B + 0,001\,293\ V_0\,\delta\,\frac{H'}{76}\,\frac{1 + kT}{1 + \alpha T}\,.$$

D'où

$$P' - P = \frac{0,001\,293 \times V_0}{76}\left(\delta H'\,\frac{1 + kT}{1 + \alpha T} - H\,\frac{1 + kt}{1 + \alpha t}\right).$$

Pour avoir le volume, on ouvre le ballon sur l'eau, qui le remplit, et on le pèse. S'il est resté une bulle d'air, on mesure son volume et on en tient compte dans les formules précédentes.

Pour les températures élevées, *MM. Deville* et *Troost* ont employé un ballon de porcelaine.

Expériences de *MM. Fairbairn* et *Tate*, de *M. Herwig* sur les vapeurs saturantes.

La densité d'une vapeur par rapport à l'air devient à peu près constante à une température suffisamment éloignée de son point de liquéfaction.

338. Application. — On peut mesurer les températures élevées en pesant un ballon de porcelaine rempli d'abord d'une vapeur à $T°$, puis plein d'air à $t°$. La différence des pesées donne

$$P - P' = \frac{0,001\,293 \times V_0}{76} \left(\delta H \frac{1 + kT}{1 + \alpha T} - H' \frac{1 + kt}{1 + \alpha t} \right).$$

On emploie généralement la vapeur d'iode, qui a une grande densité ($\delta = 8,7$). On peut se servir aussi d'une bouteille de fer pleine de vapeur de mercure.

———◦———

CHAPITRE VI.

CALORIMÉTRIE.

Chaleurs spécifiques des solides et des liquides.

339. Définitions. — S'il faut une quantité Q de chaleur pour échauffer une masse P d'un corps de $t°$ à $t'°$, la chaleur spécifique moyenne entre t et t' est

$$c = \frac{Q}{P(t' - t)}.$$

La chaleur spécifique vraie à t^o est

$$\frac{1}{P}\frac{dQ}{dt}.$$

L'unité est la *calorie*, quantité de chaleur nécessaire pour échauffer de 0° à 1° un gramme d'eau. On appelle aussi grande calorie une unité 1 000 fois plus grande que celle-ci. Pour échauffer 1 gramme d'eau de t^o à $t + 1^o$, il faut encore à peu près une calorie : la calorie est donc sensiblement la chaleur spécifique moyenne de l'eau. On appelle *poids réduit en eau* d'un corps ou *capacité calorifique* l'expression Pc.

340. Méthode des mélanges. — Black et Crawford (1763). Une masse P du corps chauffée à T^o est introduite dans une masse p d'eau à t^o. La température finale (maximum du thermomètre placé dans l'eau) est θ. La chaleur perdue par le corps est absorbée par l'eau :

$$Pc(T - \theta) = p(\theta - t).$$

Il faut tenir compte : 1° de la chaleur cédée par le récipient (cylindre en toile de laiton mince) qui contient le corps, réduit en petits fragments; soit $P'c'$ son poids en eau; 2° de la chaleur absorbée par le vase (*calorimètre*), de poids en eau $p'c'$, qui renferme l'eau, et par le thermomètre, de capacité calorifique ϖ, qui y est plongé. L'équation devient donc

$$(Pc + P'c')(T - \theta) = (p + p'c' + \varpi)(\theta - t).$$

341. Correction relative au rayonnement, etc. — Pour un même temps, les causes perturbatrices peuvent être soit constantes, soit proportionnelles à l'excès moyen. Soient θ_0, θ_1, ..., θ_n, les températures de l'eau à des intervalles α_1, α_2, ..., α_n, qu'on peut prendre égaux. La chaleur gagnée dans chacun de ces intervalles est

$$\Delta\theta_1 = \alpha_1\left[A\left(t - \frac{\theta_0 + \theta_1}{2}\right) + B\right],$$

$$\dotfill$$

$$\Delta\theta_n = \alpha_n\left[A\left(t - \frac{\theta_{n-1} + \theta_n}{2}\right) + B\right].$$

La somme de ces corrections doit être retranchée de la température finale θ.

Méthode de compensation de Rumford : on dispose l'expérience de façon à commencer à $t - n$ et à finir à $t + n$. Mais la correction ne deviendrait nulle que si les deux intervalles de temps pendant lesquels l'appareil s'échauffe de $t - n$ à t et de t à $t + n$ étaient égaux.

342. Appareils calorimétriques. — Le calorimètre de *Regnault* est formé de deux cylindres concentriques pour éviter le renouvellement de l'air; le vase intérieur, très léger, repose sur deux fils de soie croisés. Le corps est chauffé dans une étuve à triple enveloppe, qui reçoit un courant de vapeur d'eau dans les deux enveloppes extérieures. Au-dessus de 100° on emploie un bain d'huile. Le calorimètre de *M. Berthelot* est formé d'un vase cylindrique en platine très mince et bien poli, qui repose sur trois pointes de platine dans un vase argenté et bien poli. Celui-ci est placé dans un récipient à double paroi remplie d'eau; tous les vases sont fermés par des couvercles.

Pour les liquides, on peut les mettre dans le calorimètre à la place de l'eau et y jeter un corps solide chauffé, de chaleur spécifique connue, ou les chauffer comme les solides, mais dans une petite bouteille en cuivre mince; pour les températures élevées, on les chauffe dans un cylindre entouré d'un bain d'huile, et on les fait passer dans le calorimètre en introduisant de l'air comprimé.

Le calorimètre à mercure de *Favre* et *Silbermann* est une sorte de gros thermomètre à mercure, dans le réservoir duquel pénètre un tube (moufle), où l'on introduit le corps chauffé, qui cède, en revenant à la température ambiante, $Pc(T - t)$ calories. On observe le déplacement N du mercure dans le tube gradué. Si l'on a déterminé avec de l'eau chaude le nombre n de divisions dont le mercure se déplace pour une division, on a

$$nPc(T - t) = N.$$

343. Méthode de fusion de la glace. — Wilcke (1781). Black introduisait le corps chauffé dans une cavité pratiquée dans un bloc de glace et fermée par un couvercle de même substance. Si p est la masse de glace fondue et λ sa chaleur de fusion, on a

$$PcT = p\lambda.$$

Cette méthode est peu commode, et il est difficile d'extraire toute l'eau de fusion; mais elle supprime la correction du rayonnement.

Dans le calorimètre à glace de M. Bunsen (1870), on mesure la diminution de volume due à la fusion de la glace qui entoure le tube où l'on plonge le corps chauffé. L'appareil est en verre et contient, outre la glace, du mercure, qui s'étend jusqu'au bout d'un tube horizontal divisé. On détermine avec de l'eau chaude le déplacement n pour une calorie; si on observe N pour le corps à T°, on a

$$n PcT = N.$$

On détermine la correction du réchauffement en observant les déplacements $10n_1$ et $10n_2$ pendant 10 minutes avant et après l'expérience; si celle-ci a duré α minutes, on prend

$$\frac{n_1 + n_2}{2}\alpha.$$

344. Méthode du refroidissement. — On observe le refroidissement du corps enfermé dans une enveloppe de surface et de nature invariables, dans une enceinte à 0°. La chaleur dq perdue en un temps très court dx peut s'écrire, t étant la température et pc la capacité calorifique,

$$dq = f(t)\,dx = pc\,dt.$$

D'où

$$\frac{1}{f(t)}\frac{dt}{dx} = \frac{1}{pc}.$$

Supposons qu'on sache trouver la fonction primitive $F(t)$ du premier nombre,

$$F(t) = \frac{x}{pc} + C.$$

D'où

$$F(t) - F(t_0) = \frac{x}{pc}.$$

Avec d'autres corps dans le même vase, on aura

$$\frac{x}{pc} = \frac{x'}{p'c'} = \frac{x''}{p''c''} = \dots$$

L'appareil de Dulong et Petit, perfectionné par Regnault, se compose d'un petit cylindre en argent doré, qui contient un thermomètre, et qu'on remplit du corps en poudre; on le laisse ensuite refroidir dans une enceinte noircie à 0° et vide d'air, entre deux températures déterminées t_0 et t.

Regnault s'est servi aussi du *thermo-calorimètre :* c'est un thermomètre à alcool, dont le réservoir, recourbé vers le haut, forme un récipient intérieur. On laisse refroidir l'appareil : 1° seul; 2° avec une masse d'eau p; 3° avec l'eau et le corps de masse p_1 et de chaleur spécifique c_1. On a

$$\frac{x}{\varpi} = \frac{x'}{\varpi + p} = \frac{x''}{\varpi + p + p_1 c_1}.$$

On élimine ϖ et l'on a c_1.

Chaleurs spécifiques des gaz.

345. Expériences de Delaroche et Bérard. — Chaleur spécifique à pression constante et à volume constant. La première seule a été déterminée directement; on emploie la méthode des mélanges; mais il faut faire passer les gaz longtemps, à cause de la faible densité, et les causes perturbatrices prennent une grande importance.

Delaroche et Bérard se servaient d'une masse de gaz limitée, qui traversait plusieurs fois l'appareil : la circulation était déterminée par des flacons de Mariotte et des tubes à robinet. Le gaz s'échauffe dans un tube entouré d'un manchon, où circule de la vapeur d'eau; le calorimètre est formé d'un serpentin entouré d'eau. Correction de la température du gaz.

1° *Méthode des températures stationnaires.* — On fait circuler le gaz jusqu'à ce que le calorimètre ait pris une température invariable θ. La chaleur apportée en une minute par le gaz et par la conductibilité (k) est égale à la chaleur perdue par rayonnement :

$$PC(T - \theta) + k = h(\theta - t).$$

En faisant $P = 0$, on trouvait

$$k = h \times 2,6.$$

Donc

$$PC(T - \theta) = h(\theta - 2,6 - t).$$

On fait de même avec l'air et l'on a le rapport $\dfrac{C}{C'}$ des chaleurs spécifiques. Précautions à prendre pour abréger l'expérience.

2° *Méthode des températures variables*. — On applique la méthode de Rumford; on commence à $t - 2$ et l'on finit à $t + 2$ (t température ambiante, p capacité calorifique du calorimètre) :

$$PC(T - t) = 4p.$$

On fait de même pour l'air et l'on a $\dfrac{C}{C'}$. Pour avoir C, on mesure p; on l'a aussi par la première méthode en déterminant h, ce qui se fait en laissant refroidir le calorimètre de θ_1 à θ_2

$$h\left(\frac{\theta_1 + \theta_2}{2} - t\right) = p(\theta_1 - \theta_2).$$

La température du gaz n'était pas bien connue; il pouvait y avoir endosmose, les gaz étant contenus dans des vessies.

346. Expériences de Regnault. — Le gaz sort d'un gazomètre entouré d'eau froide à travers un robinet à vis, qu'on ouvre peu à peu pour maintenir la vitesse constante (on s'en assure au moyen d'un manomètre à eau); il passe ensuite dans un long serpentin chauffé par un bain d'huile, puis dans le calorimètre, formé de boîtes superposées avec cloisons en spirale.

La correction pour la conductibilité et le rayonnement est, pour chaque minute, de la forme

$$\Delta\theta = k - m(\theta - t).$$

On détermine k et m en observant pendant 10 minutes avant l'expérience et pendant 10 minutes après, et l'on fait la somme de ces corrections :

$$\mathrm{PC}\left(\mathrm{T}-\frac{\theta_0+\theta_n}{2}\right)=p\,(\theta_n-\theta_0-\Sigma\Delta\theta).$$

On détermine P en puisant du gaz à diverses pressions dans le réservoir avec un ballon vide et le pesant.

347. Résultats. — Sauf l'hydrogène, tous les corps ont une chaleur spécifique inférieure à 1. La chaleur spécifique varie avec l'état physique : pour un même corps, elle est maxima sous l'état liquide. La chaleur spécifique vraie augmente avec la température; pour beaucoup de substances, la chaleur nécessaire pour porter 1 gr. de 0° à t° est

$$Q=at+bt^2+ct^3,$$

et la chaleur spécifique vraie

$$a+2bt+3ct^2.$$

Loi de Dulong et Petit. — Le produit (*chaleur atomique*) du poids atomique d'un corps simple par sa chaleur spécifique à l'état solide est sensiblement constant (6,4 environ).

La chaleur atomique est aussi constante pour certains groupes de sels (Avogadro, Newmann).

Loi de Wœstyn (1848). — La capacité calorifique d'un composé est égale à la somme des capacités calorifiques des composants.

Lois relatives aux gaz. — A volume égal, les divers gaz simples ont même capacité calorifique (c'est une autre forme de la loi de Dulong et Petit).

Lois de Dulong : 1° Quand deux gaz se combinent sans condensation, le composé formé a même capacité calorifique à volume égal;

2° Les composés formés avec le même mode de condensation ont même capacité calorifique, à volume égal.

Chaleurs latentes.

348. Chaleur de fusion. — C'est la quantité de chaleur nécessaire pour fondre 1 gr. du corps sans changer sa température. On emploie surtout la méthode des mélanges.

1° Le corps fond au-dessus de la température ambiante t, soit à T'. On le chauffe à T $(T > T')$ et on le porte dans le calorimètre :

$$PC(T - T') + P\lambda + Pc_1 T' = p(\theta - t).$$

C et c chaleurs spécifiques du corps à l'état liquide et à l'état solide;

λ chaleur de fusion.

On fait deux expériences pour des valeurs de T très différentes : l'une donne C et l'autre λ. Expériences de M. Person.

2° Le corps fond au-dessous de t. Prenons comme exemple la glace.

De la Provostaye et Desains jettent dans le calorimètre un morceau de glace fondante bien essuyé :

$$P\lambda + P\theta = p(\theta - t).$$

La masse P s'obtient en pesant le calorimètre après l'expérience. Ils ont trouvé 79,25.

M. Person prend de la glace à une basse température, soit $-T'$, et fait une première lecture avant la fusion, ce qui donne

$$Pc(T - T_1) = p(t - t_1).$$

puis, quand tout est fondu.

$$PcT + P\lambda + P\theta = p(t - t_2).$$

La première équation donne $c = 0,504$, et la seconde $\lambda = 80$.

M. Bunsen introduit dans son calorimètre une masse d'eau p à t', qui fond une masse de glace P :

$$P\lambda = pt'.$$

Pour avoir la masse P, il mesure, à l'aide d'une sorte de thermomètre à poids, la diminution de volume a subie par un gramme de glace à 0° en passant à l'état liquide. Si, dans l'expérience précédente, la fusion de la masse P produit une contraction V, on a

$$P = \frac{V}{a}.$$

Il a mesuré aussi la diminution de volume r produite par le dégagement de 1 calorie; on a

$$\frac{1}{\lambda}\left(\frac{1}{D} - \frac{1}{E}\right) = r.$$

D et E étant les densités absolues de la glace et de l'eau à 0°. Il a trouvé 80.43.

349. Chaleur de vaporisation. — On appelle chaleur latente de vaporisation la quantité de chaleur nécessaire pour transformer un gramme du corps, solide ou liquide, en vapeur saturante, sans changer sa température, et chaleur totale à $t°$ la quantité nécessaire pour transformer un gramme du corps, pris à 0°, en vapeur saturante à $t°$.

Desprets faisait bouillir le liquide dans une cornue communiquant avec un calorimètre formé d'un serpentin entouré d'eau. Le calorimètre recevait de la chaleur par conductibilité et en outre la vapeur pouvait entraîner des gouttelettes liquides.

Regnault fit bouillir de l'eau dans une chaudière de 300 litres; la vapeur passait par un tube entouré d'un manchon de vapeur, et arrivait par un robinet de distribution dans l'un ou l'autre de deux calorimètres identiques, formés de deux sphères superposées et d'un serpentin :

$$P\lambda + P(T - t) = p(\theta - t - \Sigma \Delta t).$$

La correction $\Sigma \Delta t$ se calcule à peu près comme plus haut § 346. On a

$$\Delta t = At + Bt'.$$

t excès de température du calorimètre sur l'air;
t' excès de la vapeur sur le calorimètre.

Pour les autres liquides, Regnault s'est servi d'un appareil plus petit.

M. Berthelot a obtenu de très bons résultats en faisant bouillir le liquide dans une petite fiole de verre traversée par un tube vertical, qui conduit la vapeur à un serpentin placé au-dessous, dans le calorimètre à plusieurs enveloppes décrit plus haut (§ 342).

Résultats. — Pour l'eau, Regnault a trouvé pour la chaleur totale

$$Q = 606,5 + 0,305\,T,$$

ce qui donne

$$\lambda = 606,5 - 0,695\,T.$$

λ deviendrait donc nulle vers 866°; mais il n'est pas légitime d'admettre l'exactitude de la formule jusqu'à cette température. D'après les expériences sur le point critique, ce résultat paraît se produire à une température plus basse.

ÉLECTRICITÉ ET MAGNÉTISME

Électricité.

350. Généralités. — Électrisation par frottement; attraction des corps légers. Corps conducteurs, corps isolants ou diélectriques. Tous les corps peuvent s'électriser par frottement. Communication de l'électricité par contact : si le corps est isolant, l'électricité reste seulement au point touché; elle se répand sur tout le corps s'il est conducteur. Attraction et répulsion : distinction des deux électricités. Les deux corps frottés s'électrisent et prennent des charges égales et contraires.

Loi de Coulomb. — *Les attractions et répulsions électriques sont proportionnelles au produit des masses électriques et en raison inverse du carré de la distance.*

Théorie de *Symmer* : les corps à l'état neutre possèdent des quantités égales et illimitées de deux fluides impondérables (positif et négatif). Théorie de *Franklin* : les corps possèdent, à l'état neutre, une quantité normale d'un seul fluide; un excès de ce fluide produit une charge positive; une diminution fait naître une charge négative.

351. Distribution de l'électricité. — Sur les corps conducteurs, l'électricité est répartie uniquement à la surface. Expériences : sphère creuse et plan d'épreuve; sphère et hémisphères mobiles; filet et cage de Faraday.

La densité n'est uniforme qu'à la surface d'un conducteur sphérique; l'électricité se porte surtout aux points de plus petit rayon de courbure (pointes).

352. Déperdition; pouvoir des pointes. — La charge d'un conducteur se perd plus ou moins vite par le support, qui n'est jamais complètement isolant, et par l'air. La déperdition augmente avec la densité : elle est donc très forte sur les pointes. Une machine munie d'une ou de plusieurs pointes se décharge rapidement. Vent électrique ; tourniquet (toutes les pointes dans le même sens).

353. Influence électrique. — Tout corps placé dans un champ électrique, c'est-à-dire dans le voisinage d'un corps déjà électrisé, se charge par influence.

THÉORÈME DE FARADAY. — *Lorsqu'un corps électrisé* A *de masse* $+$ m *est entouré complètement par un conducteur* B, *il se produit par influence sur la face interne de* B *une charge* — m, *égale et de signe contraire à celle de* A.

Si B est isolé, il se produit en outre sur sa face extérieure une charge $+$ *m* ; s'il est en communication avec le sol, cette charge ne se produit pas.

Vérification à l'aide du cylindre de Faraday.

Si l'on introduit dans l'intérieur de B un autre conducteur C en communication avec B, C prend une partie de la charge — *m* ; si C est isolé, il se charge d'électricité contraire à celle de A sur la partie la plus voisine de ce corps, d'électricité de même signe sur la partie la plus éloignée, et sa masse totale reste nulle.

Vérification au moyen d'une sphère électrisée et d'un cylindre isolé.

Si le corps soumis à l'influence possède déjà une certaine charge, la densité électrique due à l'influence s'ajoute algébriquement en chaque point à la densité primitive.

Un corps chargé par influence peut à son tour influencer d'autres corps (influence de divers ordres).

Rôle de l'influence dans l'attraction électrique, la charge par étincelle, etc.

354. Électroscopes. — Appareils servant à constater l'existence et le signe d'une charge électrique. L'électroscope à feuilles d'or se compose de deux feuilles d'or suspendues à l'extrémité d'une tige métallique, terminée à la partie supérieure par une boule. Ces feuilles sont entourées d'une cage de verre. Quand on approche un corps électrisé, les feuilles divergent.

Pour reconnaître le signe de l'électricité, on charge d'a-

12.

bord l'appareil par influence. Si l'on se sert d'un corps négatif, l'électroscope se charge positivement. Si l'on approche alors 1° un corps positif, la divergence des feuilles augmente; 2° un corps négatif, la divergence diminue (elle peut même décroître jusqu'à zéro et augmenter ensuite). Deux tiges placées dans la cage servent à augmenter la déviation lorsqu'elle est très faible, et à décharger les feuilles quand elles sont trop fortement électrisées.

L'électromètre à quadrants de Thomson se compose d'une boîte cylindrique divisée en quatre secteurs suivant deux diamètres rectangulaires : à l'intérieur peut tourner une aiguille plate en aluminium, soutenue par un fil d'argent. Les secteurs 1 et 3, 2 et 4 sont réunis ensemble et reçoivent des charges égales et contraires. Si on électrise l'aiguille, elle tourne et se rapproche des secteurs qui possèdent une charge de signe opposé.

355. Potentiel et capacité. — Lorsqu'on réunit par un fil long et fin un électroscope à feuilles d'or avec un corps électrisé, on constate que la divergence des feuilles est la même, quel que soit le point où aboutit le fil. Il y a donc sur un conducteur électrisé, bien que la densité varie d'un point à un autre, une qualité qui est constante sur toute la surface; c'est le *potentiel*. Si l'on réunit par un fil long et fin deux conducteurs électrisés sans qu'il passe d'électricité de l'un à l'autre, ils sont au même potentiel; sinon, celui qui cède de l'électricité à l'autre est celui qui a le potentiel le plus élevé.

On démontre que le potentiel V est proportionnel à la charge M :

$$M = CV.$$

La constante C, qui caractérise le conducteur, est sa *capacité électrique*.

356. Unités électrostatiques C. G. S. — L'unité de masse électrique ou de quantité d'électricité est la masse qui agit sur une masse égale, à une distance d'un centimètre, avec une force d'une dyne. L'unité de potentiel est le potentiel produit par l'unité de masse électrique à un centimètre.

L'unité de capacité est la capacité d'un conducteur sphérique de 1 centimètre de rayon. On emploie généralement, au lieu des unités précédentes, trois unités pratiques, le *coulomb*, le *volt* et le *farad*, qui se déduisent du système électromagnétique.

357. Électrophore. — Appareil qui reçoit une faible charge initiale et fournit ensuite par influence une quantité d'électricité presque illimitée. Un disque de résine est chargé négativement par frottement; on pose sur lui un plateau métallique, qui, touché avec le doigt, se charge positivement. On peut électriser un grand nombre de fois le plateau métallique sans recharger le gâteau de résine.

358. Machines électriques. — Certaines machines produisent de l'électricité par le frottement de deux corps; d'autres reçoivent, comme l'électrophore, une faible charge initiale et fournissent ensuite de l'électricité indéfiniment par des phénomènes d'influence.

La machine de *Ramsden* est la plus connue de celles du premier groupe. Un plateau de verre se charge positivement par le frottement de deux paires de coussins placés suivant son diamètre vertical; l'électricité négative des coussins se rend au sol. Le plateau agit par influence sur un collecteur métallique isolé, qui se charge positivement, son électricité négative s'écoulant sur le verre par deux mâchoires en U garnies de pointes.

Dans la machine de *Van Marum*, le collecteur peut être réuni par un arc métallique, soit avec les mâchoires, soit avec le coussin, de sorte qu'il recueille à volonté l'une ou l'autre des deux électricités.

La machine de *Nairne* se compose d'un cylindre de verre qui tourne entre deux conducteurs parallèles et isolés portant l'un une rangée de pointes, l'autre un coussin, qui frotte contre le cylindre. Le premier se charge positivement, le second négativement; on recueille donc les deux électricités à la fois.

La machine d'*Armstrong* utilise le frottement de la vapeur humide contre des ajutages de buis par lesquels elle s'échappe.

La machine de *Holtz* appartient au second groupe, celui des machines fondées sur l'influence. Elle se compose de deux plateaux de verre, dont l'un est fixe et porte deux armatures de papier *ab*. Le second plateau est mobile; derrière lui se trouvent deux conducteurs, terminés par deux peignes PP′ en face des armatures *ab*, et du côté opposé par deux boules BB′, qu'on met en contact. L'une de ces armatures *a* reçoit, par exemple, une charge négative et agit par influence sur le conducteur à travers le plateau mobile, sur lequel l'électricité positive s'écoule par P et la négative par P′. L'armature *b* se charge alors positivement par influence, et les charges transportées par le plateau mobile entretiennent indéfiniment cette distribution. En écartant les boules BB′, on obtient des étincelles.

359. Électricité atmosphérique. — Cerf-volant de Franklin et de de Romas. Pointe élevée sur une maison par Dalibard. Les nuages sont tantôt positifs, tautôt négatifs; par un ciel serein, l'air est presque toujours positif.

Foudre ou tonnerre : bruit qui accompagne les décharges électriques des nuages. Le roulement s'explique par la forme en zigzag, la grande longueur et les échos.

L'éclair est la lueur qui accompagne la décharge. Arago a divisé les éclairs en trois classes : 1° les traits de feu à bords bien nets, généralement en zigzag; 2° les lueurs, dues à des éclairs cachés par les nuages ou par l'horizon; 3° les éclairs en boule.

Il arrive parfois que des animaux périssent subitement lorsque la foudre tombe dans leur voisinage (*choc en retour*). On admet souvent que l'animal s'est chargé peu à peu, par influence, jusqu'à un potentiel élevé, et qu'il revient brusquement à l'état neutre au moment où le nuage lui-même se décharge.

Franklin a songé le premier à protéger les édifices. Le paratonnerre se compose souvent d'une longue tige de fer, garnie d'une pointe en cuivre d'angle assez obtus et reliée

soigneusement au sol, ainsi qu'à toutes les pièces métalliques
un peu importantes de l'édifice. Dans le système Melsens, on
dispose sur toutes les parties de l'édifice de nombreux bou-
quets de pointes reliés entre eux et avec le sol par un grand
nombre de bandes de cuivre : l'édifice se trouve ainsi recouvert d'une sorte de cage métallique qui forme écran électrique.

Magnétisme.

360. Généralités. — Aimants naturels (Fe^3O^4). Aimants
artificiels : barreaux d'acier rectilignes ou en fer à cheval
aimantés. Pôles : points où l'attraction pour la limaille de
fer est maximum. Points conséquents : pôles qui ne sont pas
aux extrémités. Spectres magnétiques. Orientation d'une
aiguille aimantée par la terre : pôle nord et pôle sud. Les
pôles de nom contraire s'attirent, ceux de même nom se
repoussent.

Aimantation par influence; elle est temporaire pour le fer
doux, permanente, mais plus faible, pour l'acier; force coer-
citive. La rupture d'un barreau aimanté prouve que l'aimantation est un phénomène moléculaire : on doit considérer un
aimant comme formé d'une série de molécules aimantées,
placées bout à bout et ayant chacune deux pôles contraires
à leurs extrémités.

361. Magnétisme terrestre. — La terre exerce sur les
aimants une action directrice. La *déclinaison* est l'angle que
fait avec la trace du méridien astronomique une aiguille
aimantée mobile dans un plan horizontal. Elle se mesure
avec une boussole d'inclinaison, qui se compose essentiellement d'une lunette astronomique pour déterminer le méridien géographique et d'une aiguille mobile sur un cercle
horizontal. Le plan vertical mené par l'aiguille de déclinaison s'appelle *méridien magnétique.*

On appelle *inclinaison* l'angle que fait avec l'horizon une
aiguille aimantée mobile dans le plan du méridien magnétique. La boussole d'inclinaison se compose d'une aiguille

mobile devant un cercle vertical gradué. Ce cercle tourne sur un autre cercle horizontal, également divisé.

Pour mesurer l'inclinaison : 1° on tourne le cercle vertical jusqu'à ce que l'angle de l'aiguille avec l'horizon soit minimum : c'est l'inclinaison; 2° on tourne jusqu'à ce que l'aiguille soit verticale, puis on tourne le limbe vertical de 90° exactement : il se trouve alors dans le méridien magnétique, et on n'a qu'à lire l'inclinaison; 3° on mesure les inclinaisons apparentes i' et i'' pour deux positions du limbe distantes de 90°. L'inclinaison réelle i est donnée par

$$\operatorname{cotg}^2 i = \operatorname{cotg}^2 i' + \operatorname{cotg}^2 i''.$$

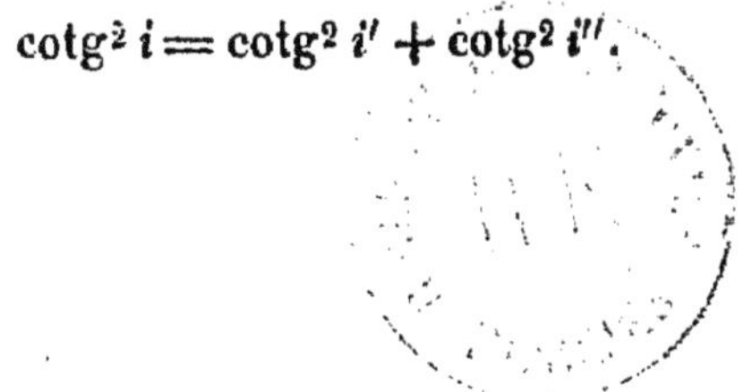

FIN.

Paris.—Imprimerie DELALAIN FRÈRES, 1 et 3, rue de la Sorbonne.